荒漠化治理

白刺

柴胡

枸杞

红花

红柳

黄芪

沙枣

甘草

沙葱

苦豆子

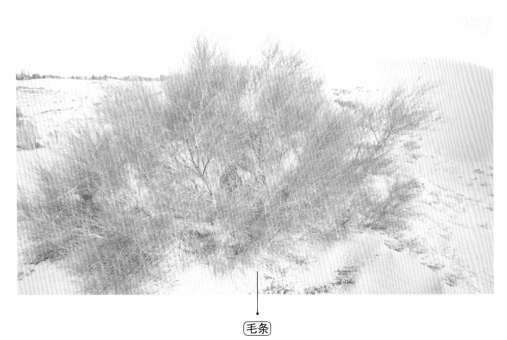

毛条

柠条锦鸡儿

牛蒡子

锁阳

肉苁蓉

沙芥

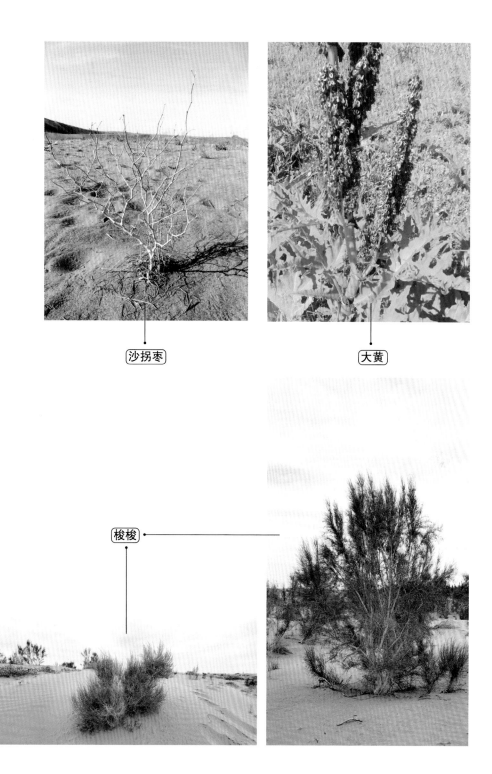

沙拐枣

大黄

梭梭

沙米

芍药

荒漠药用植物栽培与应用

毋玲玲　宿翠翠　魏玉杰　主编

黑龙江科学技术出版社

图书在版编目（CIP）数据

荒漠药用植物栽培与应用 / 毋玲玲, 宿翠翠, 魏玉
杰主编. -- 哈尔滨：黑龙江科学技术出版社, 2023.8
ISBN 978-7-5719-2104-0

Ⅰ. ①荒… Ⅱ. ①毋… ②宿… ③魏… Ⅲ. ①荒漠 –
药用植物 – 栽培技术 Ⅳ. ①S567

中国国家版本馆 CIP 数据核字(2023)第 153068 号

荒漠药用植物栽培与应用

HUANGMO YAOYONG ZHIWU ZAIPEI YU YINGYONG

毋玲玲　宿翠翠　魏玉杰　主编

责任编辑	梁祥崇	
封面设计	单　迪	
出　　版	黑龙江科学技术出版社	
	地址：哈尔滨市南岗区公安街 70-2 号	
	邮编：150007	
	电话：（0451）53642106	
	传真：（0451）53642143	
	网址：www.lkcbs.cn	
发　　行	全国新华书店	
印　　刷	哈尔滨午阳印刷有限公司	
开　　本	720 mmx1020 mm　1/16	
印　　张	11.25	
字　　数	230 千字	
版　　次	2023 年 8 月第 1 版	
印　　次	2023 年 8 月第 1 次印刷	
书　　号	ISBN 978-7-5719-2104-0	
定　　价	69.00 元	

《荒漠药用植物栽培与应用》

编委会

前　言

　　土地荒漠化和沙化是当前全球较为严重的环境问题之一，我国是荒漠（沙）化现象最为严重的国家之一。特别是我国北方地区沙漠面积较广，在人类活动和气候环境的影响下，土地荒漠（沙）化程度较重。随着经济社会的快速发展，人们逐渐认识到生态环境问题的重要性，不断提升土地保护意识，提高对荒漠（沙）化治理的重视程度，并采取一系列有效防治措施应对土地荒漠化问题。利用适宜荒漠生境的荒漠药用植物预防和治理荒漠（沙）化并进行产业化发展，是社会、经济、生态共同的要求。

　　荒漠药用植物适应极度干旱、降雨稀少、日照时数长、蒸发强烈的荒漠气候环境。荒漠资源极为丰富，开发利用会有很大的发展前景。然而荒漠药用植物资源的保护力度仍不够，原本严酷恶劣的生长地加上人为不合理的开发利用，人工栽培繁育技术不完善，标准化、规模化种植技术和经验匮乏，致使一些具有特殊药用价值、开发利用潜质高的荒漠药用植物资源紧缺，部分物种处于濒危或灭绝的边缘。此外，由于人们对荒漠植物认识不足，普遍将其作为荒草、杂草对待，未充分发掘其利用价值，大多数荒漠植物资源依旧处于原材料利用和销售阶段，部分产品虽进行了加工，但初加工较多，产品精深加工和综合利用不足。因此，要因地制宜开展荒漠药用植物规模化栽培种植和综合加工利用，改善其利用现状，促进其资源优势向经济优势转化，实现荒漠植物资源培育开发利用的可持续性，使其服务于荒漠地区经济建设和生态绿化。

　　《荒漠药用植物栽培与应用》是国家中药材产业技术体系河西综合试验站的成果。本书结合我国土地荒漠化及治理现状，针对荒漠植物栽培和开发利用中存在的问题，本着密切结合生产，服务产业发展需要的原则，总结了不同类型的荒漠植物的栽培管理技术，综合分析其应用价值及产业前景。内容涵盖荒漠植物的特征、资源基础、产业发展模式、栽培技术与应用，详细介绍了常见荒漠药用植物的植物特征、适宜区域、栽培繁殖、田间管理、病虫害防治、采收加工及应用价值等。全书分为7章：第一章介绍荒漠化与荒漠植物；第二章介绍荒漠药用植物资源；第三章介绍荒漠药用食用植物栽培技术与应用价值；第四章介绍荒漠药用饲用植物栽培技术与应用价值；第五章介绍荒漠药用景观植物栽培技术与应用价值；第六章介绍荒漠药用工业原料植物栽培技术与应用价值；第七章介绍其他荒漠药用植物栽培技术与应用价值。本书内容理论与实践相结合，系统性、科学性和可操作性并重，解决实用性问题，为荒漠药用植物产业化、标准化生产及荒漠地区或沙区种植户提供参考。

本书由毋玲玲、宿翠翠、魏玉杰为主编统筹全书，编委会分工为：魏玉杰统筹指导全书撰写，编著第一章，共计 19 千字；毋玲玲主要编著第二章、第三章、第四章，共计 124 千字；宿翠翠主要编著第五章、第六章、第七章，共计 87 千字；全书由陈芳、张兆萍、王振龙进行校核，图片由张肖凌、王振龙、毋玲玲、王笑、银开涌、宿翠翠、龚永福、常浩、王玉红等人提供。

本书编写过程中，参考了相关文献资料，在此，对文献资料的作者表示衷心的感谢。由于荒漠药用植物栽培起步较晚，加之编录的药用植物种类较多，书中不足之处在所难免，还需在实践中不断总结和完善，敬请读者批评指正。

编者

目　　录

第一章　荒漠化与荒漠植物 1

　第一节　荒漠化概念及分布 1

　　一、荒漠化概念 1

　　二、我国荒漠化分布现状 1

　第二节　荒漠植物的概念及特征 2

　　一、荒漠植物的概念 2

　　二、荒漠植物的特征 3

　第三节　荒漠植物产业发展模式 10

　　一、内蒙古荒漠植物产业发展模式 10

　　二、甘肃荒漠植物产业发展模式 11

　　三、宁夏荒漠植物产业发展模式 12

　　四、新疆荒漠植物产业发展模式 12

第二章　荒漠药用植物资源 13

　第一节　荒漠药用植物资源与保护 13

　　一、荒漠药用植物资源概况 13

　　二、荒漠药用植物资源保护 14

　第二节　荒漠药用植物的分类 16

　　一、按照生活型分类 16

　　二、按照入药部位分类 16

　　三、按照叶片特征分类 17

　　四、按照叶肉组织与细胞排列分类 17

　　五、按照用途分类 17

　第三节　荒漠药用植物的栽培与应用 20

　　一、荒漠药用植物资源基础 21

　　二、荒漠药用植物栽培技术 22

　　三、荒漠药用植物的应用 24

第三章　荒漠药用食用植物栽培技术与应用价值 27

　第一节　甘草栽培技术与应用价值 27

　　一、植物特征 27

　　二、栽培管理 27

三、应用价值 29

第二节　小茴香栽培技术与应用价值 30

一、植物特征 30

二、栽培管理 31

三、应用价值 34

第三节　枸杞栽培技术与应用价值 34

一、植物特征 34

二、栽培管理 35

三、应用价值 38

第四节　红花栽培技术与应用价值 38

一、植物特征 38

二、栽培管理 39

三、应用价值 41

第五节　牛蒡子栽培技术与应用价值 43

一、植物特征 43

二、栽培管理 43

三、应用价值 46

第六节　北沙参栽培技术与应用价值 48

一、植物特征 48

二、栽培管理 48

三、应用价值 51

第七节　白刺栽培技术与应用价值 52

一、植物特征 52

二、栽培管理 53

三、应用价值 55

第八节　沙棘栽培技术与应用价值 56

一、植物特征 56

二、栽培管理 57

三、应用价值 60

第九节　沙葱栽培技术与应用价值 60

一、植物特征 60

二、栽培管理 61

三、应用价值 63

　　第十节　沙芥栽培技术与应用价值 64

　　　一、植物特征 64

　　　二、栽培管理 64

　　　三、应用价值 66

第四章　荒漠药用饲用植物栽培技术与应用价值 69

　第一节　紫花苜蓿栽培技术与应用价值 69

　　　一、植物特征 69

　　　二、栽培管理 69

　　　三、应用价值 73

　第二节　柠条栽培技术与应用价值 74

　　　一、植物特征 74

　　　二、栽培管理 75

　　　三、应用价值 78

　第三节　木地肤栽培技术与应用价值 80

　　　一、植物特征 80

　　　二、栽培管理 80

　　　三、应用价值 83

　第四节　沙打旺栽培技术与应用价值 84

　　　一、植物特征 84

　　　二、栽培管理 84

　　　三、应用价值 87

　第五节　四翅滨藜栽培技术与应用价值 89

　　　一、植物特征 89

　　　二、栽培管理 89

　　　三、应用价值 92

　第六节　芨芨草栽培技术与应用价值 93

　　　一、植物特征 93

　　　二、栽培管理 94

　　　三、应用价值 95

　第七节　花棒栽培技术与应用价值 96

　　　一、植物特征 96

　　　二、栽培管理 97

　　　三、应用价值 99

第五章　荒漠药用景观植物栽培技术与应用价值 101
　　第一节　马蔺栽培技术与应用价值 101
　　　　一、植物特征 101
　　　　二、栽培管理 101
　　　　三、应用价值 104
　　第二节　赤芍栽培技术与应用价值 105
　　　　一、植物特征 105
　　　　二、栽培管理 106
　　　　三、应用价值 109
　　第三节　沙枣栽培技术与应用价值 110
　　　　一、植物特征 110
　　　　二、栽培管理 111
　　　　三、应用价值 113
　　第四节　柽柳栽培技术与应用价值 114
　　　　一、植物特征 114
　　　　二、栽培管理 115
　　　　三、应用价值 118
　　第五节　沙拐枣栽培技术与应用价值 119
　　　　一、植物特征 119
　　　　二、栽培管理 120
　　　　三、应用价值 121
　　第六节　梭梭栽培技术与应用价值 122
　　　　一、植物特征 122
　　　　二、栽培管理 123
　　　　三、应用价值 125
第六章　荒漠药用工业原料植物栽培技术与应用价值 127
　　第一节　罗布麻栽培技术与应用价值 127
　　　　一、植物特征 127
　　　　二、栽培管理 127
　　　　三、应用价值 130
　　第二节　锁阳栽培技术与应用价值 131
　　　　一、植物特征 131
　　　　二、栽培管理 131

    三、应用价值 ………………………………………………………………135

  第三节　肉苁蓉栽培技术与应用价值 …………………………………135

    一、植物特征 ………………………………………………………………135

    二、栽培管理 ………………………………………………………………136

    三、应用价值 ………………………………………………………………141

第七章　其他荒漠药用植物栽培技术和应用价值 ………………………143

  第一节　黄芪栽培技术与应用价值 ……………………………………143

    一、植物特征 ………………………………………………………………143

    二、栽培管理 ………………………………………………………………143

    三、应用价值 ………………………………………………………………146

  第二节　党参栽培技术与应用价值 ……………………………………147

    一、植物特征 ………………………………………………………………147

    二、栽培管理 ………………………………………………………………147

    三、应用价值 ………………………………………………………………150

  第三节　柴胡栽培技术与应用价值 ……………………………………151

    一、植物特征 ………………………………………………………………151

    二、栽培管理 ………………………………………………………………151

    三、应用价值 ………………………………………………………………154

  第四节　秦艽栽培技术与应用价值 ……………………………………155

    一、植物特征 ………………………………………………………………155

    二、栽培管理 ………………………………………………………………156

    三、应用价值 ………………………………………………………………158

  第五节　麻黄栽培技术与应用价值 ……………………………………158

    一、植物特征 ………………………………………………………………158

    二、栽培管理 ………………………………………………………………159

    三、应用价值 ………………………………………………………………161

  第六节　苦豆子栽培技术与应用价值 …………………………………162

    一、植物特征 ………………………………………………………………162

    二、栽培管理 ………………………………………………………………162

    三、应用价值 ………………………………………………………………164

参考文献 ……………………………………………………………………165

第一章　荒漠化与荒漠植物

第一节　荒漠化概念及分布

一、荒漠化概念

荒漠化（desertification）是全球面临的较为严峻的生态问题之一，威胁世界上百多个国家地区的生态环境，被喻为"地球癌症"。"荒漠化"最早在 1949 年由法国学者 A. Aubrevill 提出。20 世纪 60—70 年代，非洲空前严重干旱，使国际社会开始密切关注全球干旱地区的土地退化。1992 年，世界环境和发展大会对荒漠化概念做出了定义，并将其列为国际社会优先发展和采取行动的领域。1994 年公布《联合国关于在发生严重干旱和/或荒漠化的国家特别是在非洲防治荒漠化公约》，对"荒漠化"进一步做出了定义，将每年 6 月 17 日定为"世界防治荒漠化和干旱日"。2007 年联合国启动"联合国荒漠及防治荒漠化十年（2010—2020年）"计划，提高全球对荒漠化威胁可持续发展的认识，"荒漠化"名词成为国际热词。"荒漠化"概念经过联合国多次会议修改补充，最终定义为："荒漠化指包括气候变化和人类活动在内的种种因素造成的干旱、半干旱和干旱亚湿润地区的土地退化。"这一定义界定了荒漠化成因、背景条件及分布区域范围。

国内常提的名词"沙漠化"与荒漠化接近，由于翻译时将 desertification 翻译为沙漠化，造成了两者易发生概念混淆。沙漠化（sandy desertification）在 1941 年由葛绥成提出，早于荒漠化在国内出现的时间。前人学者将沙漠化定义为："沙漠化为沙质荒漠化，是在干旱、半干旱（包括部分半湿润）地区的脆弱生态环境条件下由于人为过度活动，破坏了生态平衡，使原非沙漠地区出现了风沙活动为主要特征的类似沙质荒漠环境的退化。"随后将沙漠地区沙化的扩张强化过程也视为沙漠化。现在专家学者普遍认为沙漠化为狭义上的荒漠化，是荒漠化类型之一。荒漠化类型根据其成因可分为风力荒漠化、水力荒漠化、化学荒漠化和物理荒漠化四种类型。我国荒漠化主要有风蚀、水蚀、工程、盐渍、干旱引起的植被、土壤退化等类型。我国荒漠化研究大多聚焦在风蚀荒漠化方面，即土地沙质化（沙漠化）的研究，这是我国国情的需要。

二、我国荒漠化分布现状

我国是土地荒漠化灾害最严重的国家之一。我国的荒漠地区呈弧形横亘于中国西北部，东起呼伦贝尔高原、西辽河平原，中间经过锡林郭勒高原、阿拉善高原，向西延伸至塔里

1

木盆地、准格尔盆地及青藏高原西北部。在青藏高原地势的影响下，北纬35°以北的温带地区形成了大面积沙漠地带，有八大沙漠（塔克拉玛干沙漠、古尔班通古特沙漠、巴丹吉林沙漠、腾格里沙漠、柴达木沙漠、库姆塔格沙漠、乌兰布和沙漠以及库布其沙漠）和四大沙地（毛乌素沙地、浑善达克沙地、科尔沁沙地以及呼伦贝尔沙地）。

我国荒漠化土地在东北部和西北部均有分布，由东向西降雨量逐渐减少，从 80 mm 到 800 mm，蒸发量 2 000 mm 到 3 000 mm，其中大多分布在北方干旱、半干旱、亚湿润地区，尤以自然降水量少、气候干燥、植被稀疏、风大沙多、生态环境脆弱、生态区位重要的巴丹吉林沙漠和腾格里沙漠、乌兰布沙漠包围的土地荒漠化最为集中，在地理环境梯度上处于全国荒漠化最前端，是我国荒漠化程度最严重区域之一。

荒漠化的具体表现为耕地、草地、林地等土壤退化呈现沙漠化，以及沙漠地区沙化程度加剧，且在人口增加及气候变化的干扰下，荒漠化过程所造成的土地退化和沙尘暴严重威胁着人们的生产生活，人们也逐渐认识到土地荒漠（沙）化程度日益上升对我国生态和经济环境造成的整体破坏。因此，一系列保护和治理政策开展实施，荒漠植物的驯化栽培，已然是荒漠化防治的首要选择。

荒漠化区域由于常年受到低水分、低养分、强光照的限制，植被覆盖面积小，物种多样性低，生态系统薄弱，恢复较慢，但经过多年的防治，措施成效明显，呈现整体遏制、持续缩减、功能增强的良好态势，但防治形势依然严峻。第五次全国荒漠化和沙化调查结果显示，截至 2014 年我国荒漠化土地 261.16 万 km²，沙化土地面积 172.12 万 km²，相比 2009 年分别减少 37 880 km²、33 352 km²；第六次全国荒漠化和沙化调查显示，截至 2019 年我国荒漠化土地 257.37 万 km²，沙化土地面积 168.78 万 km²。监测结果表明，近 10 年来，我国荒漠化和沙化面积连续缩减，荒漠化土地面积年平均减少 5 000 km²，沙化土地面积年平减少 4 325 km²。

第二节　荒漠植物的概念及特征

一、荒漠植物的概念

荒漠植物是在荒漠条件下能生存的植物，是一定时间、空间和一定人文背景及一定经济技术条件下，对人类活动有益的，经过长时间的生产、生活实践认识的且具有各种特殊使用价值的植物资源。潘伯荣教授将沙漠植物中"沙漠"与"植物"分开解释，在我国古籍中"沙漠"不仅仅只是沙漠，也包括戈壁、大漠、荒原、沙漠、瀚海等荒漠，"荒漠"即广义的"沙漠"。荒漠地带并非全是"一望无际、寸草不生、瀚海无垠、沙涛起伏"的沙漠生态，也有河流、湖泊、湿地和绿洲的分布。荒漠生境中的植物类型同样具有多样性，有乔木、小乔木、灌木、半灌木、小半灌木、多年生草本、二年生草本、一年生草本等类群。在2006年新华电讯中，联合国环境规划署执行副主任沙夫卡特·卡卡赫勒提到沙漠植物蕴藏着巨大的经济潜力，是与贫困做斗争的关键因素。荒漠植物具有较强的适应能力，具有耐高温、耐严寒、抗干旱等特点，对逆性条件和病虫害有较强的抵抗力，其叶具有贮水持水功能，其根系庞大，可扎入土层深处，更新繁殖能力强，生长迅速，枝叶繁茂，结实量大。荒漠植物在荒漠环境条件下生存，需改变自身，以此适应荒漠地带气候环境。

　　总结学者、专家对荒漠植物的定义，得出：荒漠地区土地退化、土壤贫瘠沙化、荒凉无际，但仍然有部分植物在长期生长进化过程中以沙土为基质，能适应风沙大、雨水少、温差大、日照强、养分贫瘠等严酷荒漠环境，人们将这些在荒漠化的极端干旱、贫瘠条件下生长发育的植物称作荒漠植物。荒漠植物是荒漠绿洲的标志，在进化过程中为适应荒漠生活，植物形态趋向于与环境的协调而发生异变，经自然选择保留利于荒漠生存的性状，具有耐寒、耐旱、耐酷热、耐盐碱、抗风蚀等特性，具有多种生态类型。

　　荒漠植物是荒漠生态系统的关键要素，其物种多样性、生态多样性与荒漠生态系统稳定性高低紧密相关。而且，荒漠植物的驯化种植对我国北方荒漠化防治具有重要意义。党的十九大报告中提出要开展国土绿化行动，推进荒漠化、石漠化和水土流失综合治理，党的二十大报告中也指出要坚持山水林田湖草沙一体化保护和系统治理。我国最先筛选栽培的荒漠植物有差巴嘎蒿（*Artemisia halodendron*）、紫穗槐（*Amorpha fruticosa*）、黄柳（*Salix gordejevii*）、小叶锦鸡儿（*Caragana microphylla*）、胡枝子（*Lespedeza bicolor*）5种具有良好固沙效果的灌木植物，由辽宁省章古台固沙造林试验站开展实施。随后又引进栽培樟子松（*Pinus sylvestris*）并在全国范围推广种植，树立了沙地松叶林培育典范。随后宁夏、新疆、内蒙古等地也相继开展荒漠植物的研究，先后筛选出了梭梭（*Haloxylon ammodendron*）、白梭梭（*Haloxylon persicum*）、柽柳（*Tamarix chinensis*）、柠条（*Caragana korshinskii*）、沙拐枣（*Calligonum mongolicum*）、沙枣（*Elaeagnus angustifolia*）、花棒（*Corethrodendron scoparium*）等30多种的固沙性能良好的荒漠植物，其中梭梭、沙拐枣在甘肃、宁夏、新疆等荒漠化治理中被大面积推广种植。虽然我国荒漠植物研究起步较晚，但仍然取得了一些显著的成绩。如，党的十八大以来甘肃省民勤县累计完成人工造林144.93万亩，封沙育林55.8万亩，通道绿化2458 km。截至2022年，民勤县森林覆盖率由20世纪50年代的3%提高到了18.28%。

二、荒漠植物的特征

　　荒漠地区气候干燥、日照辐射强、降雨稀少、蒸发强烈、昼夜温差大，土壤贫瘠、风大沙多，环境严酷，荒漠植物长期生长在这种恶劣环境下，不仅需要能够耐受水分匮乏，而且需要能够耐受养分饥饿，一方面要发育出减少水分丧失的机制，同时又要维持高效的光合作用，长期的适应逐渐演化形成各种奇特的根、茎、叶器官形态，发展出耐干旱、耐贫瘠、耐严寒、抗风蚀、耐沙埋、抗日灼、喜透气、耐盐碱等一系列生态适应特性。

（一）形态特征

1. 植株特征

长期极度缺水和强光照射下生长的植物，一般发育得比较粗壮且矮化。地上气生部分发育出各种防止水分过度丧失的结构，地下根系庞大、深入土层深处，形成强大的地下持水器官。荒漠植物植株较低矮，由于水分和养分匮乏，加上风沙和日照强烈等，地上部分生长受到限制，大多数植株枝干演化出不同的生理结构，有的枝条硬化成刺状，如刺旋花（*Convolvulus tragacanthoides*）、骆驼刺（*Alhagi sparsifolia*）；有的枝干上附着一层光滑的白色蜡皮，如梭梭、沙拐枣、白刺（*Nitraria tangutorum*），这些枝干蜡皮可以反射强光辐射，保持植物体内温度不致过高，降低蒸腾强度，减少水分散失。陆地植物往往用绿色的叶子来进行光合作用，但大多数荒漠植物为适应干旱生态环境叶片退化，同时叶绿素分布在植物皮层细胞及其他组织中，基本遍及整个植株，由绿色的枝条进行光合同化，如梭梭、花棒等。另外，荒漠地区很多乔本植物，由于长期适应干旱生境，逐渐发育进化成灌木丛，如红柳（*Tamarix chinensis*）、柽柳、花棒。

2. 根部特征

荒漠化地区降雨量稀少，一般在 200 mm 以下，而且裸露地较大，高温干旱，水分蒸发很快，故荒漠植物都具有强大的根系。通常荒漠植物垂直方向根系发达，主根可扎入地下深层甚至是沙漠湿润层，如沙芥（*Pugionium cornutum*）主根可深达 1 m 以上，横向侧根幅 60~80 cm，根系吸收水分和养分能力较强，超耐干旱和贫瘠，常在流动沙丘上或瘠薄的裸沙区域大片分布，是荒漠地带固沙先锋植物。一些小灌木的主根可以伸到地下 1.5 m 以下的沙层里，如河西走廊沙漠地常见的骆驼刺、白刺等，株高不足 1 m，主根长 10~13 m，侧根长 5~6 m，根长为株高的 7 倍以上，其根能延伸至有水的沙层深处，可固定高 1~3 m、直径 3~6 m 的沙丘。此外，部分荒漠植物的根幅可为冠幅的几倍、十几倍乃至几十倍，如流动沙丘上生长的蒙古虫实（*Corispermum mongolicum*），冠幅 1 m 左右，主根长达 2 m 左右，侧根幅宽至 8 m 左右。沙漠区域生长的沙鞭（*Psammochloa villosa*）株高 1~2 m，冠幅 0.5 m 左右，水平根幅宽达 27 m。沙柳（*Salix cheilophila*）水平根幅可达 20 m 以上，浅层须根也甚是发达，密密麻麻如蜘蛛网盘结在沙土表层，组成庞大的扩散根系，发挥最大潜力吸收沙漠表层的雨水。

还有部分荒漠植物主根和侧根均极为发达，不仅主根扎得深，而且侧根铺得也很广，其强大的主根系可以最大程度吸收水分，发达的侧根系可以很好地减弱沙丘移动，被掩埋在沙石里的茎和枝条也可以长出许多不定根，被风沙吹蚀裸露在地表的根系易繁殖许多不定芽和不定枝。如白刺、梭梭地下主根长度是地上主树干高度的 5～7 倍，被风沙掩埋后根系生长速度反倒加快，沙埋的茎枝和根颈处能萌发出许多枝条，并且新生枝条上可以继续萌发枝条，风沙吹蚀越猛烈，萌蘖生长越旺盛，常年累积形成一个个类似沙丘状的白刺包。白砂蒿（*Artemisia sphaerocephala*）被沙埋没后，茎枝上也能长出不定根和不定芽来适应沙漠环境。沙拐枣株高不到 1 m，根通常不深，垂直根系较浅，侧根发育强烈，水平根系横向外延宽至十几米，吸水能力超强，能快速、充分吸收地面上仅有的少量水分。类似沙拐枣这种超发达的侧根系一方面可以固定沙丘，另一方面可以充分吸收近地表水分，维持植株生长代谢。

同时，荒漠植物根部周皮发达，内皮层细胞壁加厚，如白刺在极度干旱、盐碱等条件下，其凯氏带会变宽加厚，能够将内皮层细胞的径向壁和横向壁包围，作为屏障避免外界环境对植株的影响。荒漠植物的根部还常常形成分离的维管柱，这是由于内皮层细胞加厚过程中形成木栓层，或维管束之间皮层薄壁细胞坏死，隔开维管组织所致，如沙葱（*Allium mongolicum*）根部具有很厚的纤维鞘，油蒿、白沙蒿等半灌木根部木质化较强烈。此外，大多荒漠植物根部具有沙套，这种沙套由植物根部外层的分泌液体黏结沙粒形成套状，既能保护植物免受外界高温灼伤，还可以避免植物根部干燥及风沙吹打等摩擦机械损伤。如沙芦草（*Agropyron mongolicum*）、沙鞭、沙芥等禾本科荒漠植物根部具有圆柱状沙套结构。这些根部特征可消减沙生植物根系受到的强光日灼、流沙摩擦、沙砾机械飞溅等伤害，减弱蒸腾，更有效地输送水分，防止反渗透失水。

3. 叶片特征

叶片是植物进行光合、蒸腾作用的关键器官，占植株表面积较大，与周围环境的接触远多于其他组织器官。由于荒漠地区气候干旱、温差大、光照强烈，荒漠植物为了减少蒸腾，叶片表面积变小、退化严重，有的发育成线状叶，有的发育成鳞片状叶，有的叶片甚至完全退化，依靠绿色枝条进行光合作用，叶片特点普遍类似于旱生植物。如仙人掌（*Opuntia dillenii*）的叶子退化为针刺状，红砂（*Reaumuria soongarica*）茎枝上的小叶退化成圆柱形；梭梭、红柳的叶子变为鳞片状，盐爪爪（*Kalidium foliatum*）和霸王（*Zygophyllum xanthoxylon*）的叶子发育成肉质状。其中针刺状、鳞片状叶子可以缩小受光面积，减少水分蒸腾消耗，抵御酷热干旱，通过茎条进行光合作用；圆柱状、肉质状叶片中可以贮存大量的水分，如花棒叶片及叶轴的表皮内有一层网状的贮水组织，在生长环境水分良好时可以及时将水分由根部吸收并贮存在薄壁组织中，待水分缺少时再逐渐供给周围组织细胞，维持植物新陈代谢活动。沙漠胡杨（*Populus euphratica*）叶子发育进化得更为奇特，一棵胡杨枝干上可进化出多种不同的叶型，甚至同一枝条分布着 5 种不同的叶型，以此缩小叶面积减弱水分蒸腾。

荒漠植物往往叶片表面积与体积的比例普遍减少，表皮细胞外壁具有较厚的角质膜，维管系统密度增加，栅栏组织和机械组织发达，海绵组织部分退化，因此光合强度也相应增加。有些荒漠植物为保证光合作用和蒸腾作用正常进行，避免水分大量散失，气孔下陷呈窝状深入在表皮内，窝内并覆盖毛状体和蜡纸，具有孔下室，形成异常结构来抑制水分蒸腾。如苦豆子（*Sophora alopecuroides*）、小叶锦鸡儿、柠条、旱沙枣（*Elaeagnus angustifolia*）等植株叶片气孔下陷，两面布满银白色的茸毛，用以减缓蒸腾作用，保护叶片免受强光直射，避免灼伤。有些荒漠植物，在夏季极端干旱气候下，叶表皮和蜡纸并不能抑制炎热所致的蒸腾强度，气孔往往变成长久的关闭状态，以致绿色部分失水太多而枯死，处于一种"假死"的休眠状态，待水分条件转好时，恢复生长。气孔器会关闭，其保卫细胞的细胞壁会增厚和角质化，或是待表皮失水死亡后，在叶子表面形成一层覆盖层来降低叶片的蒸腾速率，如假木贼（*Anabasis articulata*）、泡泡刺（*Nitraria sphaerocarpa*）。禾本科荒漠植物叶片中含有大量泡状细胞，处于干旱条件时可促使叶片发生卷曲，减少水分过度蒸腾，例如沙鞭、沙蔗茅（*Erianthus ravennae*）、大赖草（*Leymus racemosus*）、芨芨草（*Achnatherum splendens*）。

荒漠植物叶片细胞内渗透压常常维持在较高的水平，正常情况下能达 40～60 个大气压，持水能力较强，确保植物不宜失水枯萎。如红砂、珍珠猪毛菜（*Salsola passerina*）细胞内渗透压约 50 个标准大气压（1 个标准大气压约为 101.325 kPa），梭梭细胞内渗透压可达 80 个标准大气压，可大大增强根系吸水能力，进而提高植株抗旱性能。另外，部分荒漠植物的叶片中含有树脂、单宁及一些胶体物质。如小酸模（*Rumex acetosella Linn*）在极度干旱条件下，其叶表皮层及叶脉周围细胞内可分泌树脂滴或油滴来减少水分流失。地中海有些红栎树（*Quercus rubra*）的叶片中含有单宁和树脂，同样也会减缓水分运动。还有部分植物叶子中含有香精油，如遇干旱精油便可挥发，挥发的蒸气可以缓解水分蒸腾。荒漠植物发育进化形成的多种多样的叶片特征，是对荒漠严酷环境的趋向适应。

4. 茎的特征

茎是植物机械支撑、水分和养分输送的重要器官。荒漠植物的茎为适应极端干旱环境，维管组织外一般具有发达的厚壁组织和纤维，增强轴器官的支持，用以抵抗风沙袭击、保护输导组织。荒漠植物在长期干旱的条件下，皮层和中柱的比率较大，茎中的筛管组织比较宽，而维管束则较紧密，围绕着窄小的髓，纤维含量较多，提高了水分运输和机械支撑的能力，输送水分和养分至需要的器官组织。如三叶草（*Trifolium repens*）皮层由 6～7 层薄壁细胞组成，并富含体积较大的贮水细胞，在夏天极为干旱的时候，外皮层脱水层层剥落，同时韧皮部薄壁细胞内形成木栓层，保护内部维管组织。木栓层尚未形成之前，由茎部的加厚皮层来保护维管组织免受外界环境胁迫。

部分荒漠植物叶片退化，幼枝代替了叶片的光合功能，如沙拐枣和梭梭茎枝上已经不发育叶子，由鲜嫩的绿色枝条形成同化枝进行光合作用，同化枝的发育是荒漠植物在干旱条件下进化的顶峰。白刺、柽柳、猪毛菜（*Salsola*）、霸王、沙拐枣、滨藜（*Atriplex patens*）等多种荒漠植物的同化枝，其茎部皮层的宽度占同化枝半径的比例较大，维管束外有大量纤维。梭梭同化枝的贮水组织非常发达，基本占同化枝50%左右，具有强大的贮水和保水功能；柽柳的同化枝上分布有下陷的泌盐腺，可以将植物从土壤中吸收的盐分排出体外。不具同化枝的荒漠植物茎中木质部面积增大，髓腔面积变小，而基本组织/中柱的比率较大，较为发达的髓是许多荒漠植物的典型特征。发达的髓内细胞排列紧密，有黏液细胞或含晶细胞的存在，能够大大增强茎的吸水和持水功能，提高细胞渗透压，阻碍离子运输，降低有害物质浓度。如在干旱环境中生长的达乌里胡枝子（*Lespedeza davurica*），茎木质部导管直径较大，有利于水分运输；盐生野大豆（*Glycine soja*）茎皮层中存在包裹的含盐小液泡，且数量较多；次生维管射线由多列细胞组成，较一般大豆多，可能与盐分运输有关。

荒漠植物皮层细胞中含有大量叶绿体，能够提升植物光合效率。部分荒漠植物茎呈肉质化，除含有光合作用的皮层细胞外，还可形成储水的薄壁组织，如有些具节的藜科植物，皮层肉质化，胞内富含胶体物质和结晶，不仅可以进行光合作用，还可贮存大量水分。没有肉质皮层的荒漠植物，如霸王茎韧皮部薄壁组织最初发育形成的周皮，深入茎内部；白刺、沙拐枣茎中也有许多薄壁细胞，用以储藏水分和稀释盐分，有利于降低蒸腾、克服干旱，保持生活状态。还有部分荒漠灌木每年在木质部增生近末期，茎中一般会形成一层"木质部间木栓环"可将水分保存在次生木质部的窄小区域，减少水分丧失，如沙蒿。

（二）生物特征

荒漠植物由于长期适应风沙大、日照强、雨水少、土壤贫瘠的严酷环境形成了种种奇特的形态，进而塑造了一系列适应艰苦环境的生物特性，如耐干旱、耐贫瘠、耐严寒、抗日灼、喜透气、耐沙埋、抗沙蚀、耐盐碱等。

1. 耐干旱

荒漠植物的叶片形态结构变异是适应干旱最敏感的反应。大多数荒漠植物叶片表面积较小，缩减光照面积，减少水分蒸腾散失，如甘草（*Glycyrrhiza uralensis*）、黄芪（*Astragalus membranaceus*）、锦鸡儿（*Caragana sinica*）等；有的植物叶片退化，由当年生绿色同化枝进行光合作用，如梭梭、沙拐枣等。还有些许荒漠植物叶片表面积不仅未缩小，反而生长成厚圆的肉质叶，如猪毛菜属的荒漠植物，在浅沙层水分充盈时，快速汲取水分至自身贮水细胞中，使叶片变得肥厚。在夏季气候干燥酷热、土壤水分匮乏时，仅依靠自身体内细胞中储存的水分可完成一个生命周期的新陈代谢。也有许多荒漠植物叶片表面角质层加厚，或上下表面密被茸毛或具蜡质层，甚至叶面气孔在高温时段关闭。总而言之，植物叶片形态结构的变化可以适应荒漠环境光、温、热、湿条件，协调水分光照，减少水分蒸腾强度。

2. 耐贫瘠

荒漠地区环境严酷，土壤多为沙土或沙壤土，荒漠植物多生长于路旁、山坡、沟边、荒地、戈壁、荒滩、沙漠边缘等地力条件低下的土壤中。在这种环境下生存的植物，其发达的根系可深入地下深层汲取养分，保证植株生长，如柠条、梭梭、白刺、肉苁蓉（*Cistanche deserticola*）、锁阳（*Cynomorium songaricum*）等。有部分荒漠植物特别是豆科类植物，其根部吸附大量根瘤菌，不仅可以直接利用土壤中的氮素，还可以将空气的氮气转化为铵态氮，供植物利用，进而减少荒漠植物对土壤原有肥力的依赖，如沙打旺（*Astragalus adsurgens*）、紫花苜蓿（*Medicago sativa*）等。

3. 耐严寒

我国荒漠地区冬季气候在 $-30 \sim -10$ ℃，部分地区可达 $-50 \sim -40$ ℃，荒漠植物叶片细胞内经常保持较高的渗透压，在低温胁迫时可增加脯氨酸、甜菜碱等渗透调节物质积累，调节体内离子平衡，如多年生植物甘草、黄芪、枸杞（*Lycium chinense*）、梭梭、白刺、紫花苜蓿、沙葱等在北方荒漠地区可安全越冬。

4. 抗日灼

荒漠地区夏季酷热，尤其是沙漠边缘地带，地表温度高达 $70 \sim 80$ ℃，风沙强烈、加之气候干旱、土壤贫瘠等，荒漠植物枝条发育缓慢，多数植株低矮，有的植物枝条进化发育出尖刺，如骆驼刺；有的植物叶片退化形成同化枝，如梭梭；有的植物茎叶上生长着一层光滑的白色蜡皮或密生白色茸毛，如沙拐枣；有的植物叶片窄小、颜色浅淡，如白刺，这些植物异型特征能够反射部分强光、减少辐射强度，降低植物体内温度，降低蒸腾强度。还有部分荒漠植物具有"夏休眠"的特性，在夏季高温炎热时节，气孔暂时关闭，表现为"假死"状态，如马蔺（*Iris lacteal*）、梭梭，晚春早夏时节便开始开花，直至秋季才结果；而部分荒漠植物如沙拐枣等在极度炎热干旱环境下往往会脱落部分枝叶，甚至到了秋季会再度开花、结实。

5. 喜透气

荒漠植物多生长在疏松的沙地或沙质土壤中，其根系适合土质疏松、透气性良好的土壤，在黏质土壤或厚重的壤土中生长不良。如沙拐枣和银砂槐（*Ammodendron bifolium*）等，在沙质比例较少的壤土中育苗，苗木发育较弱，若浇水过多还会影响根系呼吸，甚至造成苗木死亡。此外，如果沙地植物生长繁茂，流沙固定后沙生植物就会逐渐死亡，被非沙生植物所替代。

6. 耐沙埋

沙漠中生长的植物为适宜流沙的环境，极耐沙埋，而且随着流沙掩埋越厉害，植物生长就越旺盛，具有"水涨船高"的生长特性，如红柳、沙蒿、花棒、沙拐枣、梭梭等植物的枝干被沙埋后可以生出不定芽以阻拦大量流沙，若沙地土壤水分良好，遭沙埋的茎枝可向下发出许多不定根，继而向上生好多嫩枝，如此，枝上生根，枝上发枝，日复一日，形成一个个突起的类似圆锥的小沙包，这些沙包逐渐积累可以固定大量沙粒，多者可达上千立方米。

7. 抗沙蚀

沙蚀不仅仅是因风蚀吹走流沙而导致植物根部裸露，还包括风蚀过程中沙粒击打、切割植物。许多沙漠植物茎干组织结构特殊，栅栏组织发达，外皮层可耐受沙打、沙割，特别是乔木、小乔木及灌木、半灌木类荒漠植物。部分禾草科植物根须繁多，具有类似于电线的"沙套"，如三芒草属（*Aristida*）植物，在风沙吹蚀根系裸露在外后，"沙套"可保护根部不易遭损伤，同时还能保护根系失水不易散失，有些荒漠植物无性繁殖能力强，裸根在风沙吹蚀后，能发出新芽形成新枝，抗沙蚀能力强。

8. 易流沙繁殖

多数荒漠植物属风播植物，其果实和种子轻巧富有弹力，易随风沙一起移动，并保持在流沙表面，而不被流沙掩埋在深层，常常借助风力传播。如白砂蒿（*Artemisia sphaerocephala*）是我国西北部沙漠及沙丘上广泛分布的优势灌木种，其果实瘦小质轻，种皮与果皮黏合，果皮外层附着一层厚厚的白色黏液物质，遇湿后极易吸水膨胀，吸附周围沙粒形成自然丸粒化种子，使果实重量增至原来的几百倍，同时也增强种子与土壤的黏合性，更有利于种子萌发出苗。有的荒漠植物种子本身能分泌胶状黏液，能将种子黏着在沙粒上，在缺水条件下仍能保持萌发能力。有些荒漠植物的种子不仅质轻，还具有刺毛状的附属钩，如腰毛鼠毛菊（*Epilasia hemilasia*）和琉包菊（*Hyalea pulchella*）的果实均具冠毛，基本靠风力传播繁育，在秋季种子成熟后，不足 1 m/s 的风力就可以将其推动并以 20 ~ 30 m/s 的速度移动，被流沙掩埋次年遇湿便可发芽。有的草本植株甚至整株随风滚动，人们称之为"风滚植物"，如沙蓬（*Agriophyllum squarrosum*）。

9. 耐盐碱

盐渍化是荒漠环境典型特征之一，荒漠植物在适应荒漠盐碱环境的同时通过拒盐、避盐、稀盐、聚盐、秘盐等生理功能形成一定的耐盐碱特性。荒漠植物拒盐、避盐特性主要是根部细胞质膜透性低，盐离子不易透过，致使植物根系不吸收盐分，或盐分吸收后贮存在根部细胞而不向上运输，或运输少部分盐分，维持植物体内盐分浓度在较低的状态，避免盐碱迫害，如花棒、沙蒿、沙枣、木地肤（Kochia prostrata）、马蔺等在 pH > 8.0，含盐量 2%～3%的重盐渍化土壤上亦可生长。荒漠植物形态器官的变异伴随着植物稀盐、聚盐特性的形成，其肉质化茎、叶器官中有大量薄壁细胞吸收和储存水分，可稀释体内盐分，使盐分含量保持在相对稳定的水平；其同化枝中普遍分布的含晶细胞可以储存植物体内多余的盐分，如梭梭、沙拐枣。荒漠植物还有一种耐盐碱策略是通过茎叶表皮细胞分化而成的吐盐结构——盐腺，将盐分排出体外，如柽柳、红砂、滨藜等。

第三节　荒漠植物产业发展模式

荒漠植物栽培利用的核心问题在于充分利用自然资源，实现产业增值，利用现在的高新技术，为人类提供更多的产品。常兆丰指出荒漠植物栽培不同于传统作物的发展模式，并指出荒漠植物产业化发展的三个条件：一是绿色产品的要求。伴随着人民的生活水平的提升，以往被人们忽视的食品安全问题变得越来越重要了。二是相应的新技术的产生和集成。三是人们对健康的追求提升，关注荒漠绿色产品。

荒漠植物种植产业发展主要采用"多采光，少用水，新技术，高效益，无污染，可持续"的技术实践路线。"多采光"就是充分利用荒漠地区丰富的光照资源，利用高科技发展太阳能产业；"少用水"是针对水资源严重短缺而言，要合理利用荒漠地区的水资源，采用节水设备，发展节水措施，树立节水意识；"新技术"是指荒漠农业在发展中对技术的要求，不仅要利用科技的力量，还要结合当前最新的技术成果；"高效益"是指利益的最大化的表现，这里不仅仅指经济效益，还包括生态效益和社会效益，是实现综合效益的统一目标；"无污染"是指生态化的产业发展方式，荒漠植物产业发展的前提是不能对脆弱的沙区环境进行污染，如果产生污染还不如保持原生态的好，也就没有种植栽培的必要了；"可持续"是指荒漠植物栽培的发展要保持可持续性，这是荒漠植物种植产业发展过程中要一直贯彻的思维，这就要求对荒漠、半荒漠地区的资源利用要合理化，不能为了追求短期效益而忽略长期效益。

一、内蒙古荒漠植物产业发展模式

内蒙古荒漠植物种植主要依靠科技创新手段，利用科技带动企业发展产业模式，通过产业模式改善荒漠地区生态环境，形成了独特的"库布齐模式"，这种模式主要依靠科技创新、机制创新和理念创新。内蒙古沙漠利用科技创新防沙固沙面积大于沙区面积的三分之一，利用技术创新，依托企业从最初的酒瓶插柳技术到水气种植再到节水容器种植技术等多项技术的运用实现了沙漠的治理，弱化了沙尘天气的危害，增加了降雨量。在荒漠植物产业发展中，企业不断创新机制，在政府的指导支持下，形成了由政府牵头、企业带头、农户积极参与的共赢利益结合体。在这个结合体中，政府通过政策建立支持，企业通过产业化投资，农户大力参与市场化运作，促使生态、经济得到持续性改善。

政府政策性支持主要体现在灌溉供水供电等硬件基础设施的建设，为企业发展提供良好的营商环境，并且对荒漠地的流转进行了长远的筹划安排，将沙地的承包时间延长至70年。企业作为荒漠植物栽培开发的主要投资者，利用荒漠地区光热资源和土地资源，投入大量的资金开发荒漠生态产业。在整个荒漠植物的种植生产过程中，除了依靠先进的科技仪器设备，农户起到重要作用，他们的参与为荒漠植物种植开发提供了大量的劳动力，并在生产过程中实现了脱贫致富。在整个机制体制中，集中了政府、企业、农户的优势，形成一个有机融合的整体，共同为荒漠植物栽培开发提供强大的动力，将荒漠地区从负资产不断转变为可以输出的正资产。荒漠化的治理，从生态环境角度来看，是公益性的一面，但在荒漠植物资源开发利用的过程中要尊重自然规律和产业规律，不单单要考虑生态性，也要考虑社会性和经济性。要把生态改善和经济发展协同结合起来，实现荒漠治理、生态发展、产业兴旺、乡村振兴均衡发展，实现荒漠植物可持续开发利用。

二、甘肃荒漠植物产业发展模式

甘肃荒漠区常年干旱少雨，由腾格里沙漠包围，广袤的戈壁滩是甘肃荒漠的特有景象。气候环境严酷，农业生产"非灌不植"，荒漠区生态环境改善成为甘肃的重要任务，1954年陕甘宁等省份开始建设"三北"防护林防风固沙林带，开启了甘肃荒漠化防治"篇章"，主要采用生物与工程相结合的措施，在风沙口、流动沙丘上插枝条、柴草做直立式风墙，在地势低洼潜水较浅地带控制放牧、封沙育草，在河漫滩、戈壁滩、沙荒地栽植红柳、白刺梭梭、沙枣等天然生长乔灌木封沙育林，或用黏土掩埋农田区流动的矮小沙丘，进行灌溉种植固沙，促进甘肃荒漠植物栽培种植快速发展。

甘肃作为荒漠植物栽培种植的先行区，以生态优先治理为方针，在政府指导下，以防风固沙林带为生态基础，采用地膜覆盖、温棚种植、节水灌溉等高效农业措施，通过"企业+基地+农户"的产业化经营模式，逐步发展种植业、林果业、草业等支柱产业，建立起种、养、加工一体化的产业体系，探索出荒漠植物种植发展的技术路线，并在以后荒漠化防治实践中不断验证这个技术路线，使甘肃的生态有了大的发展和改善。多年来，甘肃经过不懈的努力，在产业化经营模式的发展下，利用先进的科学技术，实现生产销售一体化经营，为荒漠区农户增加收入、脱贫致富开辟了新途径。

三、宁夏荒漠植物产业发展模式

宁夏荒漠植物产业是伴随着科技支撑和生态工程的推进发展的，主要通过政府指导、企业主体实施、农户积极参与的形式，引导荒漠片区农户调整产业结构，发展林农、林药、林牧产业，促进以农养林、以林创收的一体化的发展模式。企业在实施过程中，充分联动政府和农户，采用承包责任制、股份合作制、"公司+农户"模式等多元化经营体制，鼓励农户植树造林，促进生产和销售一体化，完善了产业链条，保证农户的木材销路和合理的经济收益，实现利益共享化，保障荒漠植物产业可持续发展。

四、新疆荒漠植物产业发展模式

新疆荒漠化土地类型多样，荒漠化面积较大，随着荒漠化防治，荒漠化面积逐渐递减，荒漠植物特色产业也在荒漠化防治过程中发展起来，如重点防护林工程，葡萄(*Vitis vinifera*)、杏（ *Prunus armeniaca* ）、苹果（ *Malus pumila* ）、红枣（ *Ziziphus jujjuba* ）、沙棘（ *Hippophae rhamnoides* ）、核桃（ *Juglans regia* ）等特色林果业，肉苁蓉、甘草、玫瑰（ *Rosa rugosa* ）、枸杞等特色经济种植业，以及特色产品深加工业等。新疆荒漠植物产业有政府主导、公司主导、家庭主导三种不同的模式，其中政府主导产业模式，管理效率低下，参与者积极性较弱；公司主导产业模式，土地产权受限，很难保障高效益；家庭主导产业模式，管理和资金限制，前景不容乐观。从可持续发展的角度来看，资源、环境、经济、社会、科技相融合的产业模式逐渐形成，政府具有土地资源优势，公司具有资金和管理优势，农户具有人力资源优势，结合三者优势形成集合体，通过高新技术的普及推广，集中发展荒漠植物种植业、加工业及生态产业等，调整产品的品质，增加产品的附加值，提高产品的市场竞争力，实现荒漠植物产业发展目标。

第二章　荒漠药用植物资源

第一节　荒漠药用植物资源与保护

我国荒漠植物种类丰富多样，蕴藏量大，位居世界前列。荒漠地区气候资源和生态环境特殊，荒漠植物资源种类稀少，但具有明显特殊性，特别是药用植物资源。荒漠区域拥有一定种类的具有特殊药用价值的植物资源，药用价值和经济价值良好。因此，药用资源开发利用是当前荒漠植物资源利用的重要途径之一，我国悠久丰富的用药历史为其开发利用及产业发展带来了巨大优势。

一、荒漠药用植物资源概况

根据文献资料不完全统计，我国荒漠地区药用植物或具有药用价值和原料药物类植物资源有 76 科 226 属 394 种，自然生长于沙漠边缘、沙地、戈壁、沙砾地、荒漠草甸、盐碱沙地、农田边缘及路旁等，多分布于麻黄科、蝶形花科、百合科、豆科、伞形科、毛茛科、菊科、锁阳科、唇形科、大戟科、茄科、龙胆科、柽柳科等。其中菊科种类最多，且大多植物药用部位为其粗壮的地下部分，如罗布麻（*Apocynum venetum*）、甘草、苦豆子、黄芪、列当(*Orobanche coerulescens*)、秦艽(*Gentiana macrophylla*)、柴胡(*Bupleurum chinense*)、肉苁蓉、锁阳、赤芍（*Paeonia Lactiflora*）、北沙参等，都是荒漠地区的珍贵药材，有的甚至还供出口。

在众多荒漠药用植物中，人们对分布范围广、种类繁多、蕴藏量大、经济价值高的植物资源，进行了生活环境、分布区域、分布面积、生物特征、药用成分、有效成分含量、人工培育技术及资源保护利用等多方面的研究，其中被子植物、种子植物在分类群和生活习性中占有较大的优势，引种栽培的有甘草、红花（*Carthamus tinctorius*）、黄芪、沙棘、麻黄（*Ephedra rhytidosperma*）、枸杞、白刺、沙枣、山楂（*Crataegus pinnatifida*）、地黄（*Rehmannia glutinosa*）、远志（*Polygala tenuifolia*）、红枣、苦豆子、肉苁蓉、罗布麻等药用价值较高的植物资源。

但随着开发利用过程中一些不合理的行为，多数野生荒漠药用植物资源被破坏严重、面临枯竭。在西北干旱荒漠区，珍稀濒危药用植物资源有十余种，其中属于国家一级保护的荒漠药用植物有小沙冬青（*Ammopiptanthus mongolicus*）、沙生柽柳（*Tamarix taklamakanensis*），属于国家二级保护的荒漠药用植物资源有膜荚黄芪、新疆阿魏（*Ferula sinkiangensis*）、管花肉苁蓉（*Cistanche mongolica*）、灰胡杨（*Populus pruinosa*），属于国家三级保护的荒漠药用植物资源有斑子麻黄（*Ephedra rhytidosperma*）、胀果甘草（*Glycyrrhiza inflata*）、蒙古黄芪、胡杨（*Populus euphratica*）、阿拉善黄芩（*Scutellaria alaschanica*）、野大豆（*Glycine soja*）。

二、荒漠药用植物资源保护

许多价值较高的药用植物资源利用远远超过种群的繁殖更新能力，特别是荒漠药用植物资源。但原本荒漠药用植物资源的生境栖息地气候恶劣、生态环境严酷，加上人为不合理利用因素导致的荒漠药用植物资源遭到严重破坏和浪费，荒漠药用植物多样性在急剧降低。近些年伴随着中医药大健康产业发展，推动了中药产业快速前进，全国中药材需求量在急剧增长，出口量也大幅度增加，对具有一定特殊药用价值的野生荒漠药用植物资源的需求更是逐年加大，分布于自然荒漠生境状态下的药用资源数量及质量逐渐难以满足市场需求，甚至有些物种处于濒危或灭绝的边缘。

虽然，近些年国家、地方从上到下相继出台了许多有关野生药用植物资源保护的法规政策，在一定程度上缓解了资源的紧缺，但要实现荒漠药用植物资源的绿色可持续利用，还需进一步统一规划、加强保护，采取针对性的保护措施，从其原生地的整个生态环境的系统性出发全面综合考虑，突出重点保护对象，既要考虑当下需要，还需考虑长远利益，特别是对于多年生草本植物及灌木和小灌木植物。

（一）计划采收、合理采挖、充分利用

对于荒漠区野生药用植物资源采集，要根据植物在荒漠生境下的生长特性及入药部位，掌握不同荒漠药用植物不同药用部位的适宜采收时间，合理安排，有计划地进行适时采收。以根茎类入药者，当在春、秋季节采挖，以花入药者应在花期采摘，以叶或全草入药者应在植物成熟期前期采割，以果实及种子入药者可在果实成熟末期采摘，以外皮入药者应在春末夏初采剥，同时要做到采、留结合，按需适量采挖，避免积压浪费。

（二）强化管理，提升自然保护区生物多样性

干旱荒漠区环境恶劣、人烟稀少，保护区设立有很多困难，包括其管理，大量荒漠药用植物资源的保护基本处于无人管理、乱采滥挖现象依然严重，保护区内珍稀药用资源遭受不同程度破坏，需进一步加强荒漠药用植物资源的栖息生境的保护，加强保护区管理工作，加大荒漠草原、沙区林地管理和保护区建设的管理投入，为荒漠药用植物资源管理、保护、开发提供经济基础，同时保护干旱荒漠区自然环境，防治荒漠化加剧，抑制荒漠草

原植被退化，恢复天然植被，保护荒漠植物生物多样性。

（三）加强法治宣传，提高保护意识

干旱荒漠区蕴藏着不少药用价值和经济价值高的稀有药用植物，其周边村民对其保护认知度不高，传统的价值观念驱使他们大面积过度采挖稀有药用植物，致使很多珍稀物种资源多样性及储藏量急剧下降，日渐枯竭。因此，政府和相关职能部门需采用各种方式加强法治建设和宣传教育力度，制定合理有力的保护措施，禁止乱采滥挖，防治过度放牧、开荒、伐木，提高民众对自然资源的保护意识；同时，号召人们参与生态环境公益保护，使得野生资源环境保护政策法规深入人心。

（四）保护与利用并举，培育人工资源

荒漠区域面积广泛，天然药用植物生产分散，产量不稳定且采收不便，对重要、稀缺的荒漠药用植物资源只采不种，仅靠其自然繁殖更新易造成资源绝种。需加强野生荒漠药用植物资源的采种结合力度，依靠自然生境抚育，同时采用先进的科学研究手段，建立种质资源圃，收集保护稀有资源，运用现代分子生物技术，引种驯化和选育繁殖，充分发掘与其生境相似的尚未利用的环境资源，人工仿野生种植栽培，加强野生资源驯化和新品种选育，建立规模化、标准化中草药人工栽培基地，示范推广栽培技术，实施产业化生产，分等级开展药用产品开发利用，促进荒漠药用植物资源可持续利用。

（五）加大科技投入力度，加强人才队伍建设

加大对荒漠药用植物资源的研究投入，利用先进的生物信息技术，丰富野生荒漠药用植物资源保存基因库，通过强化资金管理制度、增建专项基金、压实责任等方法，促进荒漠药用植物资源的保护研究落实落细、有效开展。多措并举，积极引进各类人才，强化对专业技术人才的培养，创新资源保护方法和技术，解决资源保护技术难题，实现荒漠药用植物资源开发利用的可持续性。

（六）打造特色产品，发展品牌产业

延伸荒漠药用植物资源开发利用产业链，建立生产、加工、销售一体化模式，避免盲目扩大种植面积，科学种植，科学管理，保证药材品质。加大对企业的扶持力度，特别是具有发展潜力的龙头企业。打造品牌产业，开发名优特系列产品，为地方经济发展提供支柱产业。改善荒漠区经济条件，促进生态效益、社会经济效益协同可持续发展。

第二节 荒漠药用植物的分类

荒漠植物的分类有很多种方法，可以按照植物生活型、入药部位、叶片特征、叶肉组织与细胞排列方式、用途等将其分为不同的种类。

一、按照生活型分类

我国荒漠药用植物野生资源丰富，按照植物生活型可分为：草本类荒漠植物、灌木类荒漠植物、乔本类荒漠植物。草本类荒漠植物，包括一年生、二年生草本植物，分布广泛的有藜科、十字花科、蓼科、毛茛科及部分菊科植物。这些草本植物的共同特点是结实量很大，借助风力传播，遇湿即可发芽生长，如沙芥、冰草（*Agropyron cristatum*）、芨芨草、罗布麻（*Apocynum venetum*）、灯芯草（*Juncus roemerianus*）、三芒草（*Aristida adscensionis*）、茴香（*Foeniculum vulgare*）、沙葱、盐生草（*Halogeton glomeratus*）、甘草、黄芪、碱蓬（*Suaeda glauca*）、紫花苜蓿、沙冬青（*Ammopiptanthus mongolicus*）、独行菜（*Lepidium apetalum*）、菘蓝（*Isatis tinctoria*）、苦豆子、霸王等。灌木类荒漠植物有灌木、半灌木、小灌木，由豆科、菊科、柽柳科、藜科、蓼科等部分植物组成，包括红砂、猪毛菜、假木贼、盐爪爪、锦鸡儿、酸枣（*Ziziphus jujube*）、柽柳、沙木蓼（*Atraphaxis bracteata*）、沙拐枣、沙棘、白刺、柠条、花棒、骆驼刺、枸杞、花花柴（*karelinia caspica*）、沙蒿、骆驼藜（*Ceratoides latens*）等。乔本类荒漠植物可分为乔木和小乔木，如胡杨、紫穗槐、梭梭、红柳、沙枣等。

二、按照入药部位分类

根据《中药鉴定学》对药用植物按照入药部位进行划分，荒漠药用植物可分为根及根茎类、茎类、花类、叶类、果实及种子类、皮类、全草类及其他类等8类。根及根茎类主要是指以药用植物根或以根为主带茎入药的荒漠药用植物，如甘草、黄芪、党参（*Codonopsis pilosula*）、当归（*Angelica sinensis*）、秦艽、芍药、柴胡、黄芩（*Scutellaria baicalensis*）、锁阳、羌活（*Hansenia weberbaueriana*）等；茎类主要是指以木本植物茎和其形成层以内的部位入药的荒漠药用植物，如麻黄；花类一般是指以花朵、花蕾、花序或花的某一部位入药的荒漠药用植物，如红花、芍药、菊花（*Chrysanthemum morifolium*）等；叶类通常是指以发育完整且干燥的叶入药的荒漠药用植物，如艾（*Artemisia argyi*），特殊处方也有用鲜叶入药者；果实及种子类主要指以整个果实或其内含的种子入药的荒漠药用植物，如小茴香（*Foeniculum vulgar*）、牛蒡子（*Fructus arctii*）、枸杞、白刺、沙棘、枣、黑枸杞、沙枣、苦豆子、车前子（*Plantago asiatica*）、苍耳（*Xanthium strumarium*）等；皮类主要是指以双子叶植物的根、茎木、枝干的形成层以外的外皮入药的荒漠药用植物，如柽柳等；全草类大多指的是以一年生或多年生草本植物干燥的地上部分入药的荒漠药用植物，如蒲公英（*Taraxacum mongolicum*）、马齿苋（*Portulaca oleracea*）、淫羊藿（*Epimedium brevicornu*）、麻黄、肉苁蓉、茵陈蒿（*Artemisia capillaris*）、红景天（*Rhodiola rosea*）、苦豆子；其他类主要是指以直接或间接利用的荒漠药用植物，如经过不同加工程序所得到的药用产品，或植物自身分泌的非树脂类混合物等入药的药材。

三、按照叶片特征分类

国外专家学者先后根据叶片含水量和叶片薄厚及有无将荒漠植物分为多浆、少浆植物及肉质、硬叶、薄叶和假旱生植物。我国大多数学者亦沿用上述分类方法，荒漠药用植物按照叶片特征及其对环境的适应特征可分为薄叶、多浆、肉茎、卷叶植物，其中薄叶荒漠药用植物叶片较薄、水分含量少、抗旱性极强，如沙冬青、红柳、骆驼刺、苦豆子、柽柳等；多浆荒漠药用植物叶片肥厚，具有发达的储水组织，水分含量高，如白刺、霸王、沙蒿、沙蓬、河西菊（*Launaea polydichotoma*）、花花柴（*Karelinia caspia*）等；肉茎荒漠药用植物叶片极度退化为鳞状、圆柱状，有的甚至完全退化为同化枝进行光合作用，如梭梭、红砂、沙拐枣等；卷叶荒漠药用植物叶片在过度干旱下能卷曲成筒状，抗旱性超强，多为禾本科植物，如沙鞭、大赖草等。

四、按照叶肉组织与细胞排列分类

我国学者王勋陵、黄振英等在荒漠植物叶片特征和环境适应生物特征的研究基础上，按照叶肉组织与细胞排列特征将荒漠药用植物划分为：正常型、全栅型、环栅型、不规则型、退化型、禾草型植物，其中正常型和全栅型荒漠药用植物按叶片特征划分多为薄叶植物，环栅型和不规则型荒漠药用植物按叶片特征划分多为多浆植物，退化型荒漠药用植物按叶片特征划分多为肉茎植物，禾草型荒漠药用植物按叶片特征划分多为卷叶植物。

五、按照用途分类

我国荒漠药用野生植物资源丰富，用途范围广，按照用途属性可将荒漠药用植物分为荒漠药用食用植物、荒漠药用饲用植物、荒漠药用景观植物、荒漠药用工业植物、荒漠药用油料植物等。

（一）荒漠药用食用植物

荒漠地区药用植物物种丰富、分布范围广、贮藏量大，且伴随着生长环境的特殊，其自身代谢产生的药用物质种类多、药用价值高，开发前景广阔，是药用植物珍贵的资源宝库，其中可用于食用的荒漠药用植物资源种类也很多，有营养保健品、蔬菜、果品、甜味剂、蜜源、饮料源及其他植物。如：被人们誉为"沙漠人参"的肉苁蓉，寄生在梭梭等植物根部，生长期限短，不仅是可以直接食用的高级营养品，更是一种补血益气、提高机体免疫力的名贵药材；被人们称为"药中之王"的甘草，贮藏量大，在华北、西北多地均有分布，市场上以陕西北部、内蒙古及新疆荒漠草原生长的红皮甘草的质量为最好，被列为上等甘草；被人们誉为"长寿果"的枸杞，是人们日常生活中食用最为频繁的贵重药材之一，多分布在西北地区，利用价值极高，其果实和根皮为药用部位，既是名贵的中药材，亦是良好的滋补品；日常生活中可凉拌、做馅、腌渍或制作米粉的苦苦菜（ *Lactuca tatarica* ）、茴香、沙芥、沙葱、沙蓬（ *Agriophyllum squarrosum* ）、马齿苋、灰绿藜（ *Chenopodium glaucum* ）、碱蓬等，通过不同的烹饪方式食用均是美味佳肴或是美食中的必需品，其中沙芥有着"沙生萝卜"的美誉；沙枣、沙棘、白刺、枸杞的果实富含维生素，不仅可直接食用，也可用于酿造业，制作酒品、果子酱、果子羹、糕点、饼干等食品，味美色鲜，芳香可口。甜味剂植物有甘草、马鞭草（ *Verbena officinalis* ）等，甘草富含甘草酸，味道甜美且留存时间长，甜度可达蔗糖的 300 倍。蜜源植物有柠条、沙打旺、柽柳、沙棘、沙枣等，这些植物花期较长，可为荒漠区养蜂户带来良好的经济效益。

（二）荒漠药用饲用植物

我国北方荒漠草原、干旱草原沙化地带，天然草场面积很大，自然生长着大量的可药用饲用植物，种类繁多，不仅有多年生草本植物，还包括大量木本植物，分布在禾本科、菊科、豆科、藜科、蔷薇科、莎草科、蓼科、十字花科、百合科、杨柳科等，是大多数牲畜喜食的优质牧草。木本植物主要是灌木、半灌木及小灌木，如木地肤、花棒、小叶锦鸡儿、柠条、沙蒿等植物，富含粗蛋白、粗纤维等营养物质，具有较高的饲用价值，同时还具备荒漠植物耐旱、耐寒、耐酷热、耐盐碱、耐风蚀、耐沙埋等抗逆性生态特征，对荒漠生态维护和荒漠区畜牧业发展等具有良好的作用。

（三）荒漠药用景观植物

我国荒漠化面积较大，通过多年来的荒漠化治理，取得了一定的成绩，同时也从荒漠化治理实践中选出了许多优良的防风固沙造林植物，多为乔木植物和灌木植物，还有部分草本植物。目前，人们在生态环境绿化建设的过程中不仅注重景观的造景配置，还注重植物的药用价值。荒漠药用景观植物是当下干旱区荒漠区园林绿化及生态环境修复较为普遍的优选植物，越来越受人们和园艺师、设计师的青睐，不仅可以增强人们对荒漠药用景观植物的普及，还可以给人们带来不同的感官效果和保健价值。

我国荒漠地区自西向东分布在不同的自然地带，生态环境各有不同，各个荒漠区也逐渐发展出适合于当地的生态绿化和园林美化药用植物，如草原荒漠地带的白榆（*Ulmus pumila*）、小叶杨（*Populus simonii*）、云杉（*Picea asperata*）、圆柏（*Sabina chinensis*）等乔木树种，常被用于公园绿地美化；高原荒漠地带的胡杨、红柳、梭梭、沙枣、紫穗槐等，都是我国用于沙漠环境或荒漠化治理的固沙林、绿洲农田防护林、护牧林、护路林、速生用材林及城市园林绿化的主要树种。

目前，大面积推广种植的乔木类植物有胡杨、樟子松（*Pinus sylvestris*）、云杉、侧柏；灌木类植物有梭梭、花棒、柠条、怪柳、沙拐枣、沙棘、沙枣、油蒿（*Artemisia ordosica*）、白刺等；草本植物有红砂、芨芨草、沙冬青、苦豆子、罗布麻、沙葱、沙蓬等，这些荒漠植物生态功能强大，对荒漠地区生态建设具有重要的作用。其中白刺、怪柳、沙枣、梭梭等根系发达，生长快速，枝叶繁茂，分布广泛，是荒漠地区防风固沙、改善戈壁生态环境的优良经济树种，其中白刺素有盐碱地"坚强卫士"之称，亦是荒漠盐碱地治理绿化的先锋树种，应用前景广阔。

（四）荒漠药用工业原料植物

荒漠药用植物中许多植物是人们日常生活用品的原料，如：纤维植物罗布麻、芨芨草、马蔺等，富含大量纤维，常被用来制作纺织品、纸品、渔网线等，其中罗布麻素有"纤维之王"的称号；制碱植物有刺槐（*Robinia pseudoacacia*）、沙枣、碱蓬、锦鸡儿等，可提取生物碱类化物质，其中锦鸡儿中至少富含 5 种生物碱；鞣质类植物有怪柳、酸模（*Rumex acetosa*）等，可提取鞣质类物质用于医疗用品或化妆品；天然色素类植物有红花、万寿菊（*Tagetes erecta*）等，如红花中可提取红花红色素，用于食品工业、化妆品工业、染料工业等领域。

（五）荒漠药用油用植物

我国荒漠药用植物除具有上述用途外，还有部分荒漠药用植物的种子可作为油料原材料，用途较广，其除榨油食用外，大多数荒漠药用油用植物还可以用作油漆、油墨、肥皂、涂料等工业原料，其榨油所剩渣饼等副产品还可用于制作副食品或肥料。部分荒漠药用油用植物如油莎草（*Cyperus esculentus*）、沙蒿、红花，含油量一般在 17% ~ 50% 之间。其中，油莎草出油率在 40%，且其油脂中富含蛋白质，营养价值高于芝麻油和菜籽油，被人们誉为"油料植物之王";一年生草本植物红花的花丝不仅可以药用、提取色素,其籽粒也可以榨油食用,冷榨出油率一般在 20%左右;多年生草本植物沙蒿不仅是固沙先锋植物,而且其种子既可磨面代替粮食,又可榨油食用,出油率约 10%。

第三节　荒漠药用植物的栽培与应用

随着全球土地荒漠化程度日益严重、荒漠化面积逐年扩增,荒漠化如何治理已成为备受世界各国关注的焦点。目前,国内外在荒漠化防治中主要采取生物防治与工程防治相结合的治理措施。生物防治是从当地生态圈中寻找适于荒漠地区生长且具有防沙固沙作用的植物,驯化栽培并大面积推广种植,通过植树造林治沙、封沙育林育草、退耕还林还草等措施来提高植被覆盖率,以达到防治荒漠化的目的。工程防治即采取柴草沙障、沙障压沙、黏土覆沙等措施来固定沙质和减少风沙活动。与工程防治措施相比,生物防治措施是当下土地荒漠化防治的最有效途径,在生物防治过程中最关键的是荒漠植物的选择,即筛选种植经济适宜的乔木、灌木、藤本及草本荒漠植物治理荒漠化土地。

1995 年 11 月,甘肃河西走廊沙产业会议指出:"沙产业是在沙漠干旱地区利用现代科学技术,充分利用阳光优势,实行高效节水、节能、节肥的大型农业产业。"发展荒漠、沙漠产业不再是到荒漠区开荒破坏原有植被搞种植,而是充分利用附近水源,通过地膜、温室建设及高效灌溉等一系列科学措施,发展药用、食用、饲用、工业用植物资源的种植和加工利用,养殖业、工业原料林培育和加工利用以及荒漠区风能和太阳能的开发等经济产业。

随着中药产业现代化的推进,我国中药材栽培生产步入一个新的发展时期,荒漠地区的环境特殊性决定了荒漠药用植物资源的稀缺,合理利用现有荒漠区域资源,转变单纯防风固沙思维,充分挖掘这些植物的经济效益,大面积推广种植应用价值和经济价值良好的荒漠药用植物,运用现代农业,结合不同荒漠药用植物资源的现状和特点,逐步开发利用,将生态建设与荒漠药用植物产业化生产、经营有机结合,促进荒漠资源可持续发展,实现生态建设与经济发展"双赢",激发人们种植荒漠药用植物的积极性。

经过多年荒漠化治理的研究和探索,越来越多的荒漠药用植物逐渐被人们引种栽培,一些先锋植物已经成为人工和半人工栽培的优势种,如内蒙古鄂尔多斯市的库布齐沙漠大量自然分布的柠条、沙柳、花棒和紫穗槐等,甘肃河西走廊沙漠区自然分布的梭梭、白刺、沙枣等,这些荒漠药用植物由于具有抗寒、耐旱、耐贫瘠、耐酷热、耐盐碱等抗逆特性,在当地有着广泛的天然林和人工林,其潜在的经济价值得以合理开发和利用,可实现生态建设和经济促进同步发展。

一、荒漠药用植物资源基础

我国荒漠和半荒漠地区东起呼伦贝尔高原、松辽平原，中间穿过内蒙古高原、鄂尔多斯高原，向西延伸至准格尔盆地、塔里木盆地以及青藏高原西部，构成了一个广阔的弧形荒漠带。我国荒漠区主要分布在西北五省（区），即内蒙古、甘肃、宁夏、青海和新疆，具体可分为温带荒漠区和高寒荒漠区。其中温带荒漠区包括柴达木盆地荒漠区、准格尔盆地荒漠区、北山周边（嘉峪关—哈密一线两侧）荒漠区、阿拉善高原荒漠区、鄂尔多斯高原荒漠区、锡林浩特高原荒漠区、呼伦贝尔高原荒漠区及西辽河平原荒漠区；高寒荒漠区为青藏高原荒漠区。荒漠药用植物农业型产业主要以荒漠和半荒漠地区资源的综合利用为基础，包括气候资源、土地资源、水资源等。

（一）气候资源

气候资源主要是太阳光能资源、温热资源和风能资源。我国荒漠地区太阳辐射资源最为丰富，年日照辐射总量为 5 800 ~ 6 500 J/m²，除西藏地区外，高于国内其他地区。依据太阳辐射能的丰度程度，可将我国荒漠地区分为三类。Ⅰ类地区分布于青藏高原荒漠区，日照辐射最强，但由于青藏高原地势起伏变化较大，太阳辐射的变化幅度较大，介于 1 700 ~ 2 323 kW·h/(m²·a)，其中，柴达木盆地荒漠区辐射值在 1 700 ~ 2 323 kW·h/(m²·a)之间。Ⅱ类地区包括阿拉善、鄂尔多斯、北山周边荒漠区及锡林郭勒高原荒漠区，阿拉善荒漠区辐射值为 1 700 ~ 1 900 kW·h/(m²·a)，鄂尔多斯荒漠区、北山周边荒漠区和锡林郭勒高原荒漠区为 1 600 ~ 1 900 kW·h/(m²·a)。Ⅲ类地区包括西辽河平原荒漠区、塔里木盆地荒漠区、准格尔盆地荒漠区以及呼伦贝尔高原荒漠区，辐射值介于 1 500 ~ 1 700 kW·h/(m²·a)。我国温带荒漠区夏季温度普遍较高，温差较为明显。7月份平均气温基本在 20 ℃ 以上，年平均气温整体趋势从呼伦贝尔高原荒漠区（0 ~ 2 ℃）向塔里木盆地（10 ~ 12 ℃）增加，≥10 ℃ 的时间也随之增加，其中，呼伦贝尔和锡林郭勒东部荒漠区为 100 ~ 130 d，鄂尔多斯和阿拉善荒漠区为 170 ~ 180 d，塔里木荒漠区为 180 ~ 210 d，其他地区在 130 ~ 170 d 之间。温差显著性主要体现在沙漠化地区，沙粒热容量小、透热强，表面沙层白天高温下迅速升温，夜晚降温色很快，沙丘表层 20 cm 深度的温差在下午高温时段可达 25 ℃，沙丘背部温度相对比较稳定。由于我国荒漠和半荒漠地区靠近内蒙古-西伯利亚高压中心，风能资源丰富，特别是春季，除东南沿海区域外，是第二大风能资源分布区，平均风速在 20 ~ 30 m/s 之间。

（二）土地资源

我国荒漠化和半荒漠化地区土地资源丰富，仅沙质荒漠和半荒漠化的面积可达 128.27 万 km²，与我国 18 亿亩耕地的面积大致相当。但是由于气候干旱，土壤较为贫瘠，发育程度较低，土壤类型变化差异不多，其中，呼伦贝尔高原荒漠区、西辽河平原荒漠区和锡林郭勒高原荒漠区主要以栗钙土为主，有一部分面积的干旱土；鄂尔多斯高原荒漠区的土壤以干旱土、半淋溶土和栗钙土为主；阿拉善高原荒漠区和北山周边荒漠区以漠土和初育土为主，包含部分干旱土；柴达木盆地和准格尔盆地以漠土、初育土、干旱土和高山土为主。

（三）水资源

我国荒漠和半荒漠地区影响产业发展的突出特点之一便是水资源短缺，年均降雨量不超过 200 mm。整体而言，多年降雨量由呼伦贝尔荒漠区向塔里木盆地荒漠区减少，其中贺兰山以东荒漠区降雨量在 200～400 mm 之间，贺兰山以西荒漠区降雨量小于 200 mm，巴丹吉林沙漠多年年均降雨量不足 90 mm，塔克拉玛干沙漠年均降雨量小于 50 mm，准格尔盆地荒漠区降雨相对较多，在 100～300 mm 之间。尽管如此，我国西北地区孕育很多高山，独特的地形地貌有利于形成地形降雨，并发育众多河流和湖泊。而河流和湖泊的分布与降雨量的分布紧密相关，由东北向西北方向逐渐减少。贺兰山西荒漠区分布着天山、昆仑山、阿尔泰山及祁连山等山脉发育的多条河流，如塔里木河、乌伦古河、疏勒河、黑河等，这些河流因由雪水消融汇集，河网稀疏、水量少、流程短。同时，河流下游还发育有众多内陆湖泊，如乌伦古湖、艾比湖、艾丁湖、居延海等。贺兰山以东荒漠区分布窟野河、无定河、秃尾河、西辽河和海拉尔河、呼伦湖等，水资源相对丰富。

二、荒漠药用植物栽培技术

荒漠药用植物的栽培始终坚持"生态优先、适度开发、科学利用、持续发展"的原则，大面积、规模化荒漠药用植物栽培，建设荒漠地区生态环境，保护土地资源的生产潜力，促进荒漠治理与经济发展同步进行，实现良好的经济效益、社会效益、生态效益，达到生态合理性、经济高效性和社会可接受性的平衡。荒漠药用植物的人工栽培，根据植物的生长发育特性，不同的植物对土壤环境、整地方式、栽培方式、田间管理措施等条件的要求不尽相同。

（一）植物特性

一年生荒漠药用植物，当年播种、当年开花结果，种子成熟后植物枯萎死亡；二年生荒漠药用植物，播种当年只进行营养生长，冬季干枯后第 2 年春季返青抽薹开花，开始生殖生长，果实成熟后植物干枯凋亡；多年生荒漠药用植物，一次播种移植，可连续生长 2 年以上，生长至一定年龄后，可连续多年开花结实，结实后植物一般不会干枯死亡。

（二）品种选择

荒漠药用植物栽培种多来源于野生植物品种，需对荒漠野生药用植物品种进行资源调查采集，以生物环境特征为主导，采集过程优选生长健壮无病虫害的植物种质，进一步驯化选育栽培。

（三）选地整地

荒漠植物种植地宜选择土层深厚、土壤疏松、地势平坦、不易积水、排水方便的沙地或沙壤地，不宜选择黏土或黏壤土。种植前旋耕深松 20～30 cm，耕细整平，镇压保墒，同时结合整地可施入一定量充分腐熟的农家肥，有灌溉条件的可在种植前灌足底水。荒漠药用植物栽培地忌低洼水涝地，忌连作，特别是多年生药用植物，连作障碍突出。

（四）繁殖方式

荒漠药用植物人工栽培方式有多种，有直播繁殖、育苗繁殖、分株繁殖、地下茎扦插繁殖、根状茎繁殖等。其中大部分植物均可进行种子繁殖，部分草本类荒漠植物可进行育苗移植，如麻黄（*Ephedra sinica*）、红花、甘草等；灌木和乔本植株可进行无性扦插繁殖，如枸杞、白刺、柠条、梭梭等；根系分蘖较多的植物可进行分株繁殖，如芨芨草；用根状茎繁殖的，如赤芍。

（五）播种

荒漠药用植物播种一般采用秋播或春播，部分植物可以在夏季雨季进行播种，如紫花苜蓿、秦艽等。春播一般于 3 月下旬至 5 月上旬进行，夏播 6—7 月进行，秋播于 8 月下旬至 10 月进行。播种方式有条播、穴播、撒播等，多年生小灌木、灌木及乔木行间可套种一年生禾本科植物。

（六）田间管理

荒漠药用植物种子播种或种苗移栽、扦插后，土壤墒情不足的地块需及时进行灌溉浇水，保证种子发芽、种苗扎根。荒漠植物前期生长缓慢，要做好除草工作，及时中耕，清除杂草，铲蹚结合，以达到疏松土壤、保墒的作用，促进幼苗生长。荒漠植物耐贫瘠，施用基肥后，一般无须追肥。追求产量品质的药用植物，特别是多年生荒漠药用植物，可根据植物生长情况及经济需求在后期生长阶段适当追肥。荒漠药用植物病虫害防治坚持"公共植保、绿色植保"理念和"预防为主、综合防治"植保方针，主要采用生物防治和物理防治，如土壤深翻耕，轮作倒茬，染病植株（枝条）集中烧毁清除，土壤、种子、种苗消毒，悬挂黄板，等等。病害发生严重时可采用化学药剂喷施防治，除草剂最好选择降解快、无残留的生物除草剂。

三、荒漠药用植物的应用

我国荒漠药用植物种类繁多、资源丰富、功能多样，长期以来，我国荒漠地区大部分药用植物资源的获取源主要是依赖野生资源。改革开放以来，随着人工经济林建设、道路开辟建设、矿产资源开发等，荒漠野生药用植物资源赖以生存的原生态自然环境遭到破坏。荒漠环境恶劣，自然修复过程缓慢，加上大量不合理采挖、不科学采收和荒漠药用植物自身的生长相对缓慢的特性，致使大部分荒漠药用植物资源日渐稀缺。

近年来，伴随着人口数量的增加和人民生活水平的提高，人们对中医药保健越来越关注，荒漠药用植物资源的开发利用逐渐深入。从荒漠药用植物中药材原料初级产品的使用慢慢地走向有效药用成分的提取，并广泛运用于食品、饲料、保健品、化妆品及工业产品等产业中。此外，随着中医药产业迈出国门，走向国际市场，中药材原材料出口数量逐渐增加，更进一步加剧了荒漠药用植物资源"供不应求"的稀缺现状。因此，有效合理保护荒漠药用植物资源，通过人工驯化、选育、栽培等促进荒漠药用植物资源的可持续利用，对医药、保健、工业、食品等产业的发展意义重大而深远。

荒漠药用植物资源包括水果、干果、蔬菜、药材、饲料、纤维、香料、颜料等资源，除用作药材外，大部分荒漠药用植物可用作食材、饲牧草、工业原料等，可直接为人们所食用的荒漠药用植物有黄芪、甘草、肉苁蓉、罗布麻、枸杞、苦豆子、红花、锁阳、沙枣、沙棘、沙蓬、苦苦菜、白刺、沙葱等；可用作饲牧草的荒漠药用植物有沙打旺、紫花苜蓿、芨芨草、滨藜、木地肤、柠条等；可作为景观园林树种的荒漠药用植物有胡杨、梭梭、沙拐枣、马蔺等；可用作工业原料的荒漠药用植物有罗布麻、紫穗槐、芨芨草、马蔺、柽柳、红花、沙枣等。在乔木、灌木、草本、藤本中均有分布。

近年来，新疆、甘肃、内蒙古、宁夏等地荒漠区立足本地实际，以当地天然荒漠植被为主要植物，种植开发得天独厚的特色荒漠药用植物产业。如新疆阿勒泰分布着沙棘、红枣等天然种，开展沙棘、红枣种植，开发沙棘醋饮、沙棘丸、沙棘汁、沙棘茶叶、沙棘籽油、沙棘糖浆、浓缩红枣汁、红枣口服液、枣醋、枣夹核桃等系列副食品及沙棘颗粒、沙棘片、无味沙棘散等系列药品，形成新疆红枣等具有地理标志特色的产业品牌，促进农业产业多元化发展。在荒漠化严重区域如甘肃民勤、宁夏中卫、腾格里沙漠、塔里木盆地周围，选择防风固沙的先锋植物，建设以梭梭、红柳、沙棘、枸杞为主要树种的人工生态固沙林，优化农业产业结构。引种栽培肉苁蓉、锁阳等名贵药材，开发系列新药、保健产品及副食品，如苁蓉总苷胶囊、肉苁蓉总糖醇、劲酒、七味苁蓉酒、苁蓉养生液、肉苁蓉原浆、银杏苁蓉片、康咖片、苁阳酒、肉苁蓉破壁饮片、锁阳饼、锁阳咖啡、锁阳茶、锁阳破壁饮片、锁阳枸杞发酵酒、宁夏枸杞等具有保健功能的产品。在内蒙古阿拉善高原荒漠地区，沙芥、沙葱被驯化栽培，并大面积推广种植，满足了人们对天然、有机沙野菜的需求；准格尔盆地荒漠区建设沙柳、柠条、沙棘、枸杞等沙漠生态植物固沙林，并以此为基础，采用其木屑做菌棒原料，用新型沙生植物木腐技术，驯化栽培库布齐沙漠野生菇种，培育新型沙漠菇。

第三章　荒漠药用食用植物栽培技术与应用价值

第一节　甘草栽培技术与应用价值

一、植物特征

（一）形态特征

甘草（*Glycyrrhiza uralensis*），为豆科甘草属多年生草本植物，根长 20～100 cm，呈圆柱状，外皮红棕色或棕褐色，横断面淡黄色；株高 40～120 cm，根状茎，直立，多分枝，外皮与根同色，附着白色或褐色茸毛；单数羽状复叶，互生，上下表面密披短白柔毛，呈长卵形或卵圆形，边缘为反卷；总状花序，腋生，花冠蝶形，蓝紫色或紫红色；夹果，呈长圆形，有的微弯曲，呈扁环状，密披白色刺毛，种子扁圆形。花期 7—8 月，果期 8—9 月。

（二）生物特征

甘草喜光耐热，耐寒耐旱，耐盐碱，不耐涝，适宜生长在土质疏松、排水良好的沙质土壤中，多见于日照充足、降水量较少的干旱半干旱的荒漠、半荒漠丘陵地带或沙漠边缘和沙土、沙丘上，在我国新疆、甘肃、内蒙古、宁夏等地多有分布，适应范围广，抗逆性强。

二、栽培管理

（一）品种选择

目前，经《中华人民共和国药典》（以下简称《药典》）认定的甘草有 3 种：有乌拉尔甘草、胀果甘草、光果甘草，多为野生甘草通过自然选育、诱变选育、组织培养选育等育种技术不断进行驯化、筛选出的种质优良、生物活性成分高的品种，如民勤 1 号、乌新 1 号、阿克苏 1 号等甘草栽培品系，结籽数量多、产量高、固沙效果好、成活率高。

（二）整地施肥

甘草种植宜选择土质疏松、土层深厚、不易积水的沙土或沙壤土，种植前 1 年秋季耕翻土壤 30 cm 左右，施入腐熟农家肥，翌春再浅旋 1 遍，耙细、整平。

（三）繁育方法

1. 种子繁殖

甘草种子种皮较厚，不易破壳发芽，播种前需将种子研磨破皮，提高发芽率。研磨时不可过于用力，避免破坏种子子叶，以刚划破种皮为准。甘草种子破壳后发芽率可提升70%~80%。

种植直播繁殖有春播、夏播和秋播。春季播种于3月中下旬至4月中旬；夏季播种于5月下旬至6月份进入雨季后进行；秋季播种于9月至10月，确保播后种子萌动前土壤未冻结。

2. 根茎繁殖

根茎繁殖宜在早春土壤化冻后进行。选用上年保存完好的直径1 cm左右的甘草幼根茎，切成10~15 cm的长段，每段保留1~2个腋芽。栽种时沟播，沟行间距按照30~50 cm的间距，开7 cm左右的深沟，将根茎段按间距7~10 cm顺放于沟内，将沟覆土压平。

（四）田间管理

1. 间苗、定苗

甘草幼苗长出3~4片真叶时可进行间苗，5片真叶时定苗，定植株距为15 cm。

2. 中耕除草

种植当年结合间苗、定苗进行中耕除草1~2次，幼苗期浅锄3~5 cm为宜。秋后结合培土再进行1次中耕除草，此时可深锄，以8~10 cm为宜。第2年返青后，结合生长情况，进入伏天前中耕1~2次即可。

3. 排水与灌溉

甘草不耐涝，夏天进入雨季要时刻注意，做好田间排水，严防田间积水。苗期若土壤水分不足，需适当灌溉，切记不可大水漫灌。

（五）病虫害防治

甘草虫害多为红蜘蛛发生，可用43%联苯肼酯悬浮剂1 500~2 000倍液喷雾防治；7—9月发生白粉病时，可用25%吡唑醚菌酯悬浮剂800~1 000倍液喷雾防治；锈病可在5月初喷施20%三唑酮乳油1 500~2 000倍液预防；采收种子的地块可在果期结荚初期喷施40%乐果乳油1 000倍液喷雾防治病虫害；视情况喷施1~2次，每次间隔7~10 d。

（六）采收与加工

1. 种子采收

甘草种子采收，需在甘草开花期至结实期过渡期间，摘除分枝顶部的花或果荚，减少养分争夺，促进主枝果荚种子饱满。待种子由青绿初转褐色时加快采收，以防种子过于成熟，种皮加厚，硬实率高，处理困难，出苗率降低。

2. 根茎采收

甘草栽培 3~4 年即可采收。采收当年秋季待茎叶枯萎后挖出完整的根及根状茎，干燥后可入药。

3. 加工

甘草根茎收获后，趁鲜用刀切去细尾和根头，并按直径大小分等级扎成小捆晾晒。晾晒时用纸包住根身，露出根头，防止外皮颜色黑化，保证甘草成品断面黄亮。

三、应用价值

（一）药用价值

甘草为我国传统中药，很多中药处方中均有甘草，素有 "国老""十方九有"之美誉。随着药用植物资源的开发利用，我国药用甘草属植物药用资源丰富，有乌拉尔、光果、胀果、粗毛甘草及黄甘草等。根据《药典》记载，甘草性平，味甘，归心、肺、脾、胃经，具有补脾益气、清热解毒、祛痰止咳、缓急止痛等诸功效，可用于脾胃虚弱、倦怠乏力、心悸气短、咳嗽痰多、脘腹、四肢挛急疼痛、痈肿疮毒等症状的治疗，能够缓解药物毒性、中和药物烈性。

甘草化学成分次生代谢产物种类繁多，其药用有效成分为甘草酸（*Glycyrrhizic acid*）及其水解产物甘草次酸（*Glycyrrhetinic acid*）以及 2 分子的葡萄糖醛酸。甘草酸可抑制肝细胞的变性和坏死，对肝功能具有明显的保护作用，治疗和预防慢性肝炎、乙型肝炎有较好的效果。水解产物甘草次酸分子结构类似于肾上腺皮质激素，可用于治疗肾上腺疾病，具有一定的利尿作用。甘草还具有良好的抗过敏、抗炎症、降低胆固醇、抑制胃酸分泌等作用，对荨麻疹、过敏性哮喘结核性过敏反应等有一定的疗效，可治疗和预防动脉粥样硬化、顽固性过敏性鼻炎，缓解胃肠平滑肌痉挛，治疗和预防心律不齐。医学专家还发现甘草提取物可在一定程度上抑制艾滋病毒，是治疗艾滋病较为理想的药物，开发前景良好。

（二）工业价值

甘草除可入药外，在食品、饮料、烟草、化妆品等领域也被广泛应用。在食品饮料行业，甘草中富含的甘草酸（别称甘草甜素）可作为甜味剂、调味剂、矫味剂广泛用于糖果、饮料、糕点、啤酒、调味品等副食品生产。甘草酸甜度约为蔗糖的 50 倍，与其他甜味剂合用具有事半功倍的效果。糖果生产中，特别是口香糖制作中甘草酸可代替砂糖，其甜味持久浓郁；巧克力制作中添加甘草酸，可减少 1/4 的可可粉用量，并使香味更适合年轻人的口味。饮料生产中常用甘草酸代替蔗糖，避免蔗糖发酵影响口感；啤酒发酵中添加甘草酸，可去除苦涩、调节颜色、固持风味。甘草酸和甘草次酸或其衍生物具有美白、祛斑等作用，经常添加在美白淡斑霜等化妆品中。此外，甘草中黄酮类和三萜类物质具有消炎杀菌的作用，对口腔和呼吸道有着清洁杀菌的作用，可添加在牙膏、口腔护理液中，是天然缓和的清洁剂。甘草废渣亦可废物再利用，用来制作绝缘人造嵌板、食用菌基质配方，也可做杀虫剂、灭火剂、黏着剂、散开剂等。

（三）饲用价值

甘草根用作中药材，非药用部位茎叶可用来饲喂牛羊牲畜，营养价值较高。甘草营养期粗蛋白含量与紫花苜蓿相近，是荒漠地区的牛羊冬春辅助性牧草。

（四）生态价值

甘草具有旱生植物结构特征，根系发达，主根可深达 10 m 左右，侧根纵横交错，多生成地下茎，具有极强的抗风蚀和防冲蚀能力，对荒漠地区荒漠绿化、风沙防固有重要作用。

第二节　小茴香栽培技术与应用价值

一、植物特征

（一）形态特征

小茴香（*Foeniculum vulgar*），别名怀香、香丝菜、茴香子等，为伞形科茴香属多年生或一年生草本植物。一般株高在 50～150 cm 之间，具有浓郁的芳香味。茎直立中空，表面有浅纵沟，被白粉，上部多分枝，基生叶丛生、较大，长可达 40 cm，茎生叶较小，互生，3～4 回羽状分裂，深绿色，末回裂片线形至丝状，叶柄基部扩大呈鞘状抱茎。复伞形花序顶生或侧生，伞幅 5～25 cm，每个小伞序有伞梗 5～20 枚，每个伞梗着生多数无柄小花，花两性，金黄色，无总苞及苞片，萼齿不明显，花瓣 5 片，尖端下凹而内卷，雄蕊 5，雌蕊 1，柱头棒状。子房下位，2 室，双悬果卵状长圆形或圆柱形，两端稍尖，长 4.5～7.0 mm、宽 1.5～3.0 mm，表面黄绿色至灰棕色，光滑无毛，顶端残留 2 个约 1 mm 的圆锥形柱头，成熟时开裂为 2 分果，稍弯曲，具 5 棱，有特殊芳香气味。花期 5—9 月，果期 8—10 月，果实分批成熟。

（二）生物特征

小茴香，喜光，耐寒耐热，适应性强，各种土壤均可生长，适宜中等肥力沙壤土，多生长在气候冷凉的丘陵山区或平原区，较少发生病虫害，结实量多，品质优，人工栽植宜选择气候冷凉、土层深厚、土质疏松、地势平坦的沙地或沙壤地种植，不宜在低海拔、气候温暖、土质肥沃的壤土中种植。全国各地均有栽培，以北方地区种植较多，如内蒙古、宁夏、甘肃河西走廊等地产量较多。

二、栽培管理

（一）品种选择

小茴香种子较少，应选用籽粒饱满、发芽率高、生育期适中、生长发育快、抗病抗逆性强的种子，如民勤大粒茴香、安息茴香。

（二）选地整地

选择土壤疏松肥沃、透气性强、理化性状良好、肥力均匀、排灌方便的沙壤土或轻沙壤土种植，前茬作物以麦类、瓜类、豆类等为宜，不宜选用前茬作物为叶菜类的地块，忌重茬连作，以防病虫害。前茬作物收获后，深耕 30 cm，耕细整平，镇压保墒，有灌溉条件的可灌足冬水。

（三）施肥

小茴香生育期较短，约 1 个月，不需要过度施肥或追肥，施足底肥可满足小茴香一个生长阶段的养分需求。一般每亩施用腐熟农家肥 1 000～1 500 kg、磷酸二铵 5 kg、尿素 10 kg、钾肥 15 kg，待来年土壤解冻后，结合整地，均匀混施于土壤中，浅耕 15～20 cm，将底肥与土壤翻混在耕作层，整平地表，以利播种。

（四）土壤处理

小茴香幼苗长势弱，前期生长缓慢，杂草易丛生胁迫茴香幼苗，故播前需均匀喷施 30% 丙草胺乳油 300～450 倍液于地表，对土壤进行封闭处理。药剂喷施处理 1 周后进行覆膜播种。

（五）覆膜播种

北方干旱、半干旱地区小茴香采用覆膜播种，平整地块后，选用幅宽 140 cm 的普通黑色地膜，大面积标准农田采用机器覆膜，覆膜时应注意将膜覆平、压实，仔细检查，地膜破洞处及时覆土，防止地膜被大风掀起。

（六）种子处理

将小茴香种子放在 50～55 ℃温水中搅拌，待水温降到 30 ℃后继续浸泡 15 min，将水缓缓倒出，再将种子用清水冲洗 2～3 遍捞出，用 10% 的磷酸三钠溶液浸泡 20 min，然后取出种子，用清水冲净残余的磷酸三钠溶液，放置阴凉处晾干待播。

（七）播种

通常 3 月中下旬至 4 月中旬，北方荒漠区平均气温可稳定在 10 ℃以上，可进行小茴香种子播种。开沟条播或穴播，条播一膜三行，株行距 15 cm×30 cm，播深 2 cm 左右；穴播，穴距 30 cm，穴深 6～8 cm，每穴播 6～8 粒种子，覆土 2～3 cm，亩播种量 1.5～2.0 kg。播种时将种子用 100～150 g 锌肥拌种后和细沙按 1：2 混合并搅拌均匀，促进小茴香出苗，确保亩出苗量 5 000～8 000 株。

（八）田间管理

1. 中耕除草

小茴香植株小，幼苗破土能力较弱，生长缓慢，出苗前后不宜多浇水，需及时浅耕除草 2～3 次，疏松地表，促苗出土。

2. 间苗、定苗

小茴香幼苗长出 2～3 片真叶，可结合第 1 次中耕除草进行间苗，拔出弱小苗。长出 4～5 片真叶时进行定苗，每穴留强壮幼苗 2～3 株。

3. 灌溉

小茴香生育期可视情况灌溉 2~3 次。播种前若土壤水分不足，播后可灌足 1 次出苗水，促进种子出芽，幼苗扎根；开花前期根据田间实际情况微灌 1~2 次，保证开花整齐；进入成熟期尽量不再灌水，避免枝叶贪青晚熟。每次亩灌水量控制在 30~40 m³，灌溉后注意排水，避免田间积水。

4. 追肥

若土地贫瘠或多茬收割鲜嫩枝叶时，可结合灌水施肥，在每次收割后亩追施尿素 8~10 kg，抽薹开花期亩追施磷酸二氢钾 10~15 kg。如种植密度过大，为防治止茎枝细弱，后期倒伏，可喷施 0.2%缩节胺溶液，增强茎枝硬度和粗度。缩节胺最好在幼苗 6~8 叶期喷施。

（九）病虫害防治

小茴香生育期短，病虫害较少，主要有根腐病、灰斑病和蚜虫。

预防根腐病的关键是控制灌水次数和灌水量，特别是盛花期灌溉，要注意观察；或在播种前结合土壤处理，可用 30%的甲霜·噁霉灵水剂进行拌肥或条施。根腐病发生时，可喷施 30%的甲霜·噁霉灵水剂 1200~1500 倍液，或结合灌溉用 30%甲霜·噁霉灵水剂 800~1 000 倍液或 50%的多菌灵可湿性粉剂 500 倍液进行灌根。

灰斑病在高温雨季多发，可适时早播，控制灌水量防止田间积水。灰斑病发生时，可喷施 75%的百菌清可湿性粉剂 600 液或 65%甲霜灵可湿性粉剂 1 000 倍液交替喷雾防治，每隔 7~10 d 喷施 1 次，喷施 1~2 次。

小茴香蚜虫,可用 5%吡虫啉乳油 2 000~3 000 倍液或 1.8%的阿维菌素乳油 800~1 000 倍液喷雾防治。

（十）采收

1. 种子采收

北方春播小茴香一般于播种当年 8—10 月逐渐成熟，由于小茴香是无限花序，随熟随采，当小茴香种子籽粒饱满、香气浓郁、呈黄绿色并带黑色纵沟时可进行采收。采收的果实晾干脱粒，脱粒后继续晒干水分，去除杂质，装袋贮藏于阴凉干燥处，防止变潮发霉。

2. 茎叶采收

小茴香作为蔬菜，可食用其鲜嫩的茎叶。于小茴香苗高 25~30 cm 高时进行茎叶采割，采收时将茎叶从距地面 3 cm 左右处割下，扎成小捆。小茴香一个生长季节，可收割茎叶 2~

3 次，每次收割后要及时浇水施肥，促进其再生长。

三、应用价值

（一）药用价值

小茴香以全草和果实入药，《药典》记载其药用成分为反式茴香脑（$C_{10}H_{12}O$），性温，味辛，归肝、肾、脾、胃经，具有祛寒止痛、理气和胃的功效，主治肠胃冷气、肾虚腰痛、少食呕吐等症，常用于寒疝腹痛、少腹冷痛、脘腹胀痛、食少吐泻，为温中散寒、立行诸气之要品，滋阴养肾、益气健脾效果良好。

（二）食用价值

小茴香除药用价值外，还是重要的香料植物，其种子可做调味品，具有去腥增香的作用，常和其他调味品如八角、花椒、桂皮等配合使用，加工制作肉质食品、副食品和面点食品。小茴香幼嫩的茎叶常常被人们当作蔬菜食用，烹饪方式多样，可清炒、凉拌、炖汤、拌馅、煎饼、腌渍等。小茴香果实也可和其他花草如玫瑰花、马鞭草、紫苏配制成花草茴香茶，具有理气宽中、温肾散寒、开胃止呕等作用，对于饮食不规律、饮食过量等不良生活习惯所致的胃病具有良好的功效。

（三）工业价值

小茴香果实、茎叶的次生代谢产物中富含茴香醚、茴香酮、柠檬烯、茴香醛等挥发油成分，全株均可用于提取小茴香精油。小茴香精油具有一定的防腐和清洁作用，用途广泛，常被添加在牙膏、牙粉、肥皂、精油皂等清洁用品及香水、化妆品等护肤用品中。

第三节　枸杞栽培技术与应用价值

一、植物特征

（一）形态特征

枸杞（*Lycium chinense*），为茄科枸杞属多棘刺落叶小灌木，野生枸杞植株高 0.2 ~ 1.0 m，栽培枸杞株高 1.0 ~ 2.0 m，冠幅 1.5 ~ 2.5 m。根系发达，分布在土壤表层 20 ~ 60 cm 处；分枝细弱稠密，具不生叶的短棘刺和生叶、花的长棘刺。叶为近等叶面，互生或簇生，形如披针或长椭圆状，树冠多呈圆形。花单生或双生于长枝叶腋，或与叶同簇生短枝上。浆果红色，呈长椭圆形或卵状，种子呈扁肾形，花果期较长，花果期 6 —10 月，边开花边结果。

（二）生物特征

枸杞具有广泛的生态适应性，根系发达，萌蘖性和发枝能力强，耐寒、耐肥、耐瘠薄。对土壤要求不严，但在含沙量过大、质地黏重的土壤上生长不旺盛，一般在含沙量 15%～35% 的沙壤土、轻壤土、中壤土中生长良好，是"沙地三件宝"之一。枸杞具有很强的耐盐和耐旱性，在 pH 为 10 的盐碱土壤中仍可生长。枸杞生命力强，生活周期可达 30～40 年，自然分布在宁夏、内蒙古、甘肃、新疆、青海等地的干旱和半干旱地区，在我国人工栽培面积大、时间长，不仅是干旱沙荒地上的先锋树种，而且耐盐碱，具备生态、经济和社会三位一体的显著效益，是我国特色荒漠药用植物资源之一。

二、栽培管理

（一）品种选择

在我国多地均有枸杞野生种，其中自然分布较多的荒漠区域有 3 个，也形成了相应特色品牌，分布于甘肃省河西走廊一带的被称为"甘枸杞"；分布在宁夏中宁、中卫一带的被称"宁夏枸杞"或"西枸杞"；分布在天津地区的被称为"当真枸杞"，据说其种源引于宁夏。其中，当以宁夏地区枸杞种植时间最长。目前，枸杞树种资源较好有复壮 1 号、宁杞 5 号、宁杞 7 号、宁杞 10 号、甘杞 1 号、甘杞 2 号等品种。

（二）繁殖育苗

枸杞繁殖育苗的方法有多种，通常栽培种植以枝条扦插繁殖育苗为主。育苗基地应尽量靠近造林地，使育苗地的立地条件仿生造林地环境，土壤以沙化土为好。

1. 整地

每年春季或秋季将土壤深翻 25 cm 左右，经过耕翻的土壤用 0.5% 高锰酸钾进行土壤消毒，同时亩撒施硫酸亚铁 15 kg。消毒后的土壤可整地耙平，然后划畦筑埂，平整地面，使畦面高低一致，挖田间灌水沟。整地结束后，于扦插前 10 d 覆地膜，以提高地温。

2. 插穗处理

待 11 月中旬枸杞落叶后，在长势较壮的枸杞树上选取当年生木质化程度较高的徒长枝条，剪取 4～5 mm 粗的中段枝条，分成 15 cm 左右等长的插穗，上端剪平，下端削成 45°

斜切口，放入备好的沙坑中湿润贮藏。翌年春季4月育苗时，将插穗从沙坑中取出，斜切口朝下浸泡在生根水中12 h，促进插穗生根。

3. 扦插方法

浸泡好的插穗按行距40 cm、株距15 cm插入土壤中，平端露出地面2 cm，用细沙土封严地膜洞口，并及时灌水确保苗木成活。

（三）整地建园

枸杞建园地需选择地势平坦、土层深厚、交通便利、灌排方便的沙壤土或轻壤土，在栽植前一年秋季，翻整园地，并按照苗木栽植位置开深30～40 cm的沟施肥。每亩施腐熟农家有机肥2000 kg、磷酸二铵200 kg、硫酸钾255 kg，将肥与深层土壤翻整混合均匀后，整平表层土壤，做好隔水埂并镇压保墒待栽植。

（四）苗木定植

扦插苗可在每年10月中旬或4月中下旬进行移栽定植。一般定植一年生或二年生的扦插苗，待春季植物萌芽前或秋季休眠后，在施肥开沟位置，按照行距2.5 m、株距1.0 m进行挖穴定植，穴深、穴径30 cm左右。栽植深度以根颈低于坑穴边缘5 cm为宜，栽后覆土踩实并及时灌水。

（五）果园管理

1. 苗木管理

（1）苗木扶正。扦插苗栽植灌水后地面晾至不粘脚时，扶正栽植苗，并在每颗苗旁插立一根长1.5 m、粗3 cm左右的竹竿，插入土壤深度为30 cm左右，确保插杆直立不倒，并将苗主茎干绑缚在竹竿上。两者之间保持1～2 cm的间距，防止竹竿阻挡栽植苗萌芽分枝伸展。

（2）选枝和抹芽。栽植苗木在茎干高40 cm左右处有健壮萌芽的，定植后从上到下选留2～4个健壮萌芽，抹去下部其余萌芽，同时从顶端新枝中选一枝长势旺盛的直立枝做树干延长枝，在其下部间距10 cm左右选择对生的新梢做第一层的侧生主枝，其余萌发新梢只要不影响选留树干延长枝和侧生主枝生长均保留。茎干高度40 cm左右处若没有健壮萌芽，可在20～30 cm处选留一个健壮萌芽做树干延长枝梢的萌芽，同时抹去其上端所有萌芽，适当保留下端萌芽。

（3）剪梢与抹芽。剪梢抹芽与选枝抹芽同理。剪梢与抹芽3～4次，可形成第一层4～

5个侧生主枝的树冠骨架结构。

2. 施肥灌溉

苗木定植后，每年早春在土壤解冻后，可对园中土壤进行一次浅耕，平整地面。施肥可随着浅耕进行，距树干30 cm处沿着栽植行开沟施肥，开沟深20 cm、宽40 cm，每亩施有机肥2 000 kg。追肥分别于5、6、7月3次追施，每次施复合肥100～150 g/株，均匀撒施在树冠下浅旋于土壤中。每年根据实际情况灌溉4～5次，于4月下旬至5月上旬进行第1次灌水，5月下旬至6月上旬进行第2次灌水，在7月中旬至8月中下旬可进行第3次、第4次灌水，同时随灌水亩冲施高钾型腐殖酸水溶肥20 kg，促进后茬果实膨大。果实收获后，可进行一次冬灌。灌水后要及时旋耕除草，也可用生物方法除草，禁止除草剂除草。

3. 树形修剪

为了促使枸杞充分利用自然资源，提高果实产量品质，可将枸杞树修剪为低干、矮冠、结构紧凑的半圆形树形——俗称"自然半圆形"。现在沙化土地栽植枸杞的技术已非常成熟，一般修剪枸杞株高在1.5 m左右，植株下层冠幅保持在1.6 m左右，上层保持冠幅1.3 m左右，呈伞状分布，各侧主枝错落分布，保证互不遮光。

4. 病虫害防治

枸杞病虫害防治主要采用农业、物理、生物防治相结合，化学防治辅助的方法。

农业措施主要是合理栽培措施和抚育管理措施，使园地和树冠通风透光，弱化病虫滋生条件；晚秋与早春修剪树形后及时清理园地中的残枝、枯叶、枯草，集中焚烧后翻入土壤中，减少园地病虫源，增加土壤肥力。物理防治措施的关键点是利用害虫的趋光性和趋色性，架设太阳能频振式杀虫灯或悬挂黄板诱杀枸杞木虱、瘿螨、蓟马、蚜虫等，同时也对周边林带或作物采取物理防治措施，起到联防联控的作用。生物防治措施是在主要病虫害发生初期或发生前采用植物源或微生物农药及杀菌剂防治，如3%除虫菊素乳油800～1 000倍液、0.5%藜芦碱可溶性液剂600～800倍液、0.3%苦参碱水剂200～300倍液等喷雾防治。化学防治措施主要在枸杞病虫害严重时施用，如枸杞黑果病和根腐病发生严重时可用50%退菌特可湿性粉剂600倍液或50%多菌灵可湿性粉剂500倍液灌根防治，虫害可在病虫越冬前或树体变色萌芽前，对树木和园地及周边田埂、地埂喷施杞护清园剂或48%毒死蜱乳油1 000倍液，清除园地病虫源。

（六）采收贮藏

枸杞果实为浆果，一般6月中下旬开始慢慢成熟。变色期即果实由绿色至黄红色，仅3～5 d时间；红熟期时间更短，仅1～3 d。因此，要注意观察把握采收间隔时间，但有露水的早晨不可采摘，雨后亦不可。采摘时浆果要轻拿轻放，采摘筐中不宜多放，以 8～10 kg 为宜，以免压迫底层浆果。新鲜的枸杞浆果，采摘回去要及时晾晒或烘干，不宜久放；放置过久会使浆果颜色在晒干后灰暗不鲜亮。晒干后的枸杞果，除去杂质和破损变黑的果干，然后按照大小分等级包装，放在通风干燥处贮藏，防止潮湿霉变、被虫咬。

三、应用价值

（一）药用价值

枸杞以果实入药，含有多种营养成分和药理活性成分，药食同源，既可日常食用又可入药，具有丰富的营养价值和特殊的医疗保健作用。枸杞具有润肺明目、滋肝补气、助阳生精等功效，有抗肿瘤、抗衰老、降血糖、降血脂、抗疲劳、调价免疫力等作用。

（二）食用价值

枸杞作为人们日常生活最为常见的药食两用药材，已广泛应用于食品产业。目前已形成枸杞产业链，开发了一系列以枸杞为原材料的产品，涉及酒、饮料、保健品等，如枸杞汁、枸杞红啤酒、枸杞茶、枸杞干果、枸杞豆奶粉、枸杞咖啡、枸杞果糕、枸杞口服液、冻干全粉等，品种多种多样、各具特色。

第四节　红花栽培技术与应用价值

一、植物特征

（一）形态特征

红花（*Carthamus tinctorius*），别名红蓝花、刺红花、草红花等，是菊科红花属一年生草本植物。株高 80～120 cm，主根发达，长 15～29 cm，直径 10～20 mm，毛根系较多；茎直立，呈白色或淡白色，光滑有顺纹，整齐度较好；中上部多分枝，枝上分枝，紧凑密集；叶互生，椭圆或卵状披针形，长 7～15 cm、宽 2～6 cm，边缘呈大锯齿到小锯齿到无锯齿过渡至全缘，质地坚硬呈绿色，有光泽，无叶柄；头状花序，被苞片紧密包围，苞片椭圆形或卵状披针形，花色呈红色或黄色、淡黄色，花期 6—7 月；果实为球形，土黄色，单株果球数 30～80 个，籽粒具冠毛或无冠毛，种皮米色或乳白色，生育期130 d 左右。

（二）生物特征

红花为长日照作物，喜温暖干燥气候，耐寒耐旱、耐贫瘠、耐盐碱，不耐水涝，适合在土层深厚、地势平坦、肥力中等、排灌良好的沙质壤土中种植。种子萌发活力较高，适应能力强，适应范围广，在 5 ~ 35 ℃均可萌发生长，在新疆伊犁、甘肃河西、河南新乡、云南楚雄等地均有分布，此外山东菏泽、浙江建德、四川内江等地也有引种栽培。

二、栽培管理

（一）品种选择

红花叶片呈锯齿状，俗称有刺红花，后经过人工选育变种出现叶缘光滑的品种，称为无刺红花。目前，红花采收大多采用人工采摘或半机械化采摘，还未达到机械化采摘。

在品种选择上：首先，选择无刺红花，如云红 3 号、伊红 1 号、甘红 1 号等，方便采摘工人进入大田，避免红花叶片扎刺身体。其次，选择抗病性强、株高适中、茎秆粗壮、分枝数多、果球大、花丝长、花色呈红色或橘红色、籽粒产量高的高产品种，一方面方便采摘，另一方面此类红花花丝品质及产量较高。

（二）整地施肥

红花抗旱性能强，耐寒、耐盐碱，适应能力强，对土壤要求不严。人工栽培可选择土层深厚、肥力中上、排水良好的沙质壤土或沙土或轻度盐碱地。前茬作物以玉米、小麦或豆科作物为宜。不宜连作，连作易导致病虫害严重。前茬作物收获后深翻整地，整地时结合施肥，亩施入 3 000 kg 的农家肥做基肥，绿肥轮作地可不施农家肥，翻匀整平镇压后浇灌冬水。来年春天土壤解冻后，再浅旋施肥疏松土壤，每亩施 15 kg 磷酸二铵做种肥，耕后耙耱用镇压器整平土地，铺膜待播。膜宽 70 cm 或 140 cm，膜间距 60 cm。红花耐贫瘠，整个生长期需肥量不多，结合秋天整地施肥。追肥视土壤肥力，在分枝期每亩可追施尿素 5 kg。

（三）播种

荒漠地区红花播种在春季 3 月下旬至 4 月上旬气温回暖时，进行铺膜播种。红花种子发芽率较高，无须进行种子处理，上年收获的种子经过一个冬天自然层积，来年即可播种，播种前先进行种子筛选，去除破损粒、瘪粒，挑选籽粒饱满均匀一致的种子。播种密度按照株行距 25 cm × 40 cm，播种深度 3 ~ 5 cm，采用精量点播方式，每穴点播 2 ~ 3 粒，播后用脚踩实土壤，保墒保肥。

（四）田间管理

1. 间苗补苗

红花播种后约 20 d 即可出苗，长出 3~4 片真叶时进行间苗，每穴挑选 1 株较大的健壮苗保留，拔去其余弱苗、病苗。没有出苗的空穴，每穴补种 2~3 粒种子。

2. 中耕除草

结合间苗，进行第 1 次除草，浅锄 1 遍杂草；5~6 片真叶时进行第 2 次除草，并在膜上覆土，防止膜下杂草丛生，也可以覆盖黑色地膜，减少除草人工劳力，还可提高地温。红花莲座期至分枝期时只需清除膜间大型杂草即可，此后直至收获可不再进行除草。

3. 灌溉

红花耐旱，整个生长期一般不需要浇水，可视土壤墒情和天气情况浇水 1~2 次。出苗期若土壤墒情不好，需要在播种后浇透 1 次出苗水，保证出苗整齐。分枝期至现蕾期，视土壤水分情况灌溉 1 次，保证开花整齐一致，便于采摘花丝。

（五）病虫害防治

红花自身病虫害较少，多为土壤病害，如锈病、根腐病、蚜虫、金针虫、红蜘蛛等。按照无害化植保防治原则，多采用农业田间管理措施，预防病虫害发生，如轮作倒茬、种前土壤消毒封闭处理等，消除越冬病原，避免越冬病原遇特殊气候发生严重。病害发生时，采用低毒高效无残留化学药剂防治。

红花锈病在 6—8 月高温高湿气候容易频发，发生初期叶片背面出现锈斑，可采用 15%三唑酮可湿性粉剂 600 倍液喷雾防治；病害发生严重时，用 25%氟硅唑咪鲜胺可溶性液剂 1 000~1 200 倍液喷雾防治。

根腐病在红花苗期和现蕾期均可发生，幼苗期多发，发病初期植物侧根变黑，可使用 30%甲霜·噁霉灵水剂 1 200~1 500 倍液喷雾防治；发病严重时，整个根系腐烂，地上植株逐渐干枯但不倒，此时须将发病病株及时拔除并集中烧毁，防止传染周围植株，并冲施 30%甲霜·噁霉灵水剂 800~1 000 倍液灌根处理。

蚜虫主要在红花现蕾期发生较多，为害红花花蕾以及叶片，需提早预防。现蕾前期发生时可采用 40%乐果乳油 1 000 倍液防治喷雾防治，喷施 1~2 次，每次间隔 7 d。现蕾期后期至开花初期蚜虫发生时，可选用 5%吡虫啉乳油 2 000~3 000 倍液喷雾防治。

金针虫为土壤害虫，虫卵在春天土壤气温回升后开始苏醒，从红花苗期便开始为害，蛀食内茎和地下根部，常常将幼苗根系咬断，断口整齐。后期也可钻入植株根茎部取食，可造成严重的缺苗断垄现象，可采用 300 亿个孢子/g 球孢白僵菌可湿性粉剂 500 g 混细沙或细土 10 kg 拌土撒施。

红蜘蛛大量发生在红花开花阶段，主要聚集在红花叶片背面，吸食汁液，发生初期及时喷施 45% 联肼·乙螨唑悬浮剂 2 000～3 000 倍液防治，喷施 1～2 次，每次间隔 7～10 d。

（六）采收与加工

1. 花丝采收

红花于 6 月末至 7 月初开始陆陆续续开花，花期 20 d 左右，7 月上中旬可以开始采花，一般采收期为 15 d，通常可采摘 5～6 茬，盛花期每隔 2 d 采摘 1 次，每次间隔不可超过 3 d，以防花丝萎蔫，影响产量；初花期和终花期可隔 3～4 d 采摘 1 次。采花标准以花丝顶端由金黄色变为深黄色或红色为宜。过早采花，花丝较短，干燥不油润，药用成分红花羟基黄色素 A 含量较低，影响药材品质；采收过迟，花丝变软干枯，不宜抓取，而且药用活性成分红花羟基黄色素 A 含量亦会降低。采摘需在晴天进行。

2. 种子采收

红花种子随着花期终止后开始成熟，一般于终花后 15 d 左右籽粒成熟，待茎枝干枯后可开始收获。收获时连根挖出，晒干用脱粒机进行脱粒，在晾晒场将籽粒晒干，筛去杂质、瘪粒、坏粒、破碎粒，装袋置于阴凉处贮藏。

三、应用价值

红花用途广泛，浑身是宝，具有药用、食用、饲用、工业染料等多种用途，是应用价值较高的荒漠经济植物之一。红花在我国栽培种植已久，随着人们对红花营养价值、保健作用、医用成分、生态功能等各方面的逐步开发研究，在以红花油和红花花丝为原料的高附加值系列产品及高级营养保健品开发方面具有巨大潜力。

（一）药用价值

红花以干燥的花丝入药，其性温，味辛，归心经和肝经，具有通经止痛、养血活血、祛瘀润燥、利水消肿、延缓衰老、美容消斑的功效，主治月经不调、痛经闭经、跌打扭伤、皮下青紫、内腹疼痛等病症。红花花丝含有查耳酮类、黄酮类、生物碱类、多糖、氨基酸及无机物类多种成分，其中查耳酮类羟基黄色素 A（HYSA）和黄酮类山奈酚为红花主要药用成分，具有抗心肌缺血、抑制血小板聚集、抗氧化等作用，常在临床上预防和治疗心血管疾病，可调节血管内皮细胞，改善心脏的收缩功能，保护肝脏和肾脏细胞，促进细胞免疫功能，清除大脑中氧化诱导的自由基，保护神经系统。此外，还可降血脂、抗炎、抗凝血、抗肿瘤，在临床上应用广泛，市场需求量较高。

（二）食用价值

红花幼苗是优质绿叶菜类蔬菜，可凉拌、可清炒，也可煲粥做汤，口感较佳。红花幼苗在 5～6 叶期即可食用，所以在红花播种的时候，可以选择密植，幼苗期可通过间苗定苗来控制生长密度，间苗拔出的幼苗可用于食用。

此外，红花还是一种常用油料作物，20 世纪 30 年代开始甘肃河西等地将其作为油料作物进行栽培。红花籽粒含油率可达 40%左右，与橄榄、葵花子和花生等油料作物的含油率不相上下，尤其是亚油酸含量，占总油量的 63%～75%；油酸次之，占总油量的 16%～25%，因此享有"亚油酸之王"的美誉。亚油酸作为人体必需的脂肪酸，对心血管疾病具有一定的预防和减轻效果，在软化血管、降低血脂、降低胆固醇、促进血液微循环方面具有非常好的作用。

（三）饲用价值

红花秸秆和红花籽粒榨油后的籽饼粕均含有较高的蛋白质，常被人们用来饲喂牲畜和家禽，是一种优质的粗蛋白饲料。目前被用于饲料开发的红花产品较少，大多都是直接饲喂粉碎的秸秆和籽饼粕，饲喂方法比较单一。

（四）工业价值

红花花丝中富含红色素和黄色素，是一种着色能力强、色调稳重、毒性极低的天然染料。这两种色素色泽艳丽、稳定性较强，不仅能够耐受高温和低温，在强光照射和过酸过碱环境下不变色，具有耐还原和抗微生物等特性，是一种天然染色剂，具有较高的工业价值，开发前景广阔。红花红色素和黄色素虽同提取于红花花丝，但两者性质不同。其中，红色素易溶于碱而不溶于酸，含量较低，为 0.3%～0.6%，在空气中能够被氧化为红色的醌式红花苷或红花苷；黄色素易溶于水和酸，难溶于碱，含量较高，可达 30%左右。实际生产中利用两种色素在酸碱溶液中的不同反应来提纯红色素和黄色素。

第五节　牛蒡子栽培技术与应用价值

一、植物特征

（一）形态特征

牛蒡子（*Fructus arctii*），为菊科二年生草本植物，株高 1～2 m，主根肉质粗大，长 15 cm 左右，直径约 2 cm，有分枝；茎直立，粗壮，直径达 2 cm 左右，多数分枝，斜上升，呈紫色或紫红色；基生叶丛生，卵心形，宽大，长约 45 cm、宽约 30 cm，中上部叶片互生，卵形，具柄，边缘锯齿状或微波状，叶背密被白色柔毛；头状花序，居茎枝顶端，呈伞房状或圆锥状排列，总苞片多层，呈卵状弯曲，管状小花，紫红色；瘦果斜长椭圆形或倒长卵形，两侧微扁，略具三棱，顶端钝圆，稍宽，基部略窄，长 5～7 mm，宽 2～3 mm，表面灰褐色，略具黑色或灰色斑点，冠毛宿存，淡褐色，呈短刺状，果皮硬，子叶 2 片，呈乳白色，油质。花期 6—7 月，果期 8—9 月。

（二）生物特征

牛蒡子喜温、抗旱、耐寒、耐盐碱，适应性强。种子生命活力持久，可保持 3～5 年，能耐 35 ℃高温并萌芽生长，根系可在 −15 ℃低温下越冬，第 2 年春季气温＞5 ℃时可进行绿体春化，促进发芽分化生长，通常在 15～25 ℃条件下生长良好。牛蒡子为深根系植物，忌水涝，主根积水 2 d 以上便会出现腐烂，多见于山坡、田埂、沟边、路旁，自然分布在东北、西北的部分地区，适宜生长在海拔 1 900～3 000 m 的山区或丘陵土层深厚、土质疏松的中性或微酸性土壤中，栽培地应选择向阳地块，种植当年只进行营养生长，发育形成叶片，第 2 年才能进行生殖生长，抽茎开花结籽。

二、栽培管理

（一）品种选择

牛蒡子可用作药材和蔬菜食用。用作药材时选用传统栽培的优良地方品种"地黄"；蔬菜用牛蒡子栽培品种，可选用日本引进品种，如白肌大长、山田旱生、柳川理想等。

（二）选地整地

牛蒡子喜水喜肥不耐涝，人工栽培时宜选地势较高、较为平坦且土层深厚、土质疏松、排灌方便的沙质壤土地。前茬作物宜为浅根系豆科作物或禾本科作物，如大豆、小麦等；不宜选择菊科或根茎类蔬菜作物，如菊花、马铃薯、茼蒿等。前茬作物收获后，及时深耕翻晾晒土壤，同时亩施饼肥 75 kg、农家肥 4 000 kg，混匀土肥、耙平。第 2 年春天浅翻耙细开沟起垄，沟行距 70 cm 左右，沟宽 30 cm 左右，沟深约 10 cm。药用牛蒡子种植地沟行间起垄，宽 40 cm 左右、高 15 cm 左右。起垄的过程边起边拍实垄面两侧。菜用牛蒡子的种植地块，在沟行内疏松种植带，以便菜用牛蒡子肉质根的伸长生长和膨大生长及向下扎根。

（三）繁殖栽培

1. 栽培方式

牛蒡子繁殖栽培方式有两种：种子直播和育苗移栽。

2. 栽培时间

牛蒡子栽培有春季栽培和秋季栽培两个时段。春季栽培于 3 月中下旬进行，秋季栽培于 10 月份进行。

3. 种子处理

牛蒡子种子播种前需进行筛选，确保种子纯净度在98%以上。选择收获 1~2 年的牛蒡子种子，剔除破损、青瘪、有病虫斑的种子，挑选籽粒饱满、种皮呈深褐色且具紫黑色斑点和光泽的完好的种子，置于 55 ℃左右温水中浸泡 30 min 后捞出，用 0.3%的甲霜灵杀菌剂进行拌种，或干籽直接拌种。

4. 种子直播

菜用牛蒡子通常采用种子直播方式种植。在春季 3 月中下旬，可采用沟内穴播方式进行播种。穴距 30 cm，穴深 4 cm 左右，每穴播种 5~6 粒种子，播后覆土轻压，亩播种量 0.8~1.0 kg。种子直播的牛蒡子第 1 年不开花结实，可在行间套种小麦等浅根系作物。

5. 育苗移栽

药用牛蒡子通常采用育苗移栽方式种植。在 3—4 月或 10 月前茬作物收获后整理苗床，施肥深翻，耙细整平做畦，畦宽 1.0 m，播前 1~2 d 浇水使整个畦面湿润浸透。育苗时在整好的苗床开沟条播，沟间距 20~25 cm，沟深 3 cm，沟内均匀撒施种子，亩用量 2.0~2.5 kg。牛蒡子从播种到成苗移栽需 40~50 d，春播种苗可在夏季或秋季移栽定植，秋季种苗在第 2 年春季牛蒡子花芽分化未长叶前进行移栽。移栽时，种苗带土穴栽，移栽穴间距 80 cm，株距 80 cm，每穴移植 2 株，亩保苗约 2100 株。移栽后踩实填土，及时灌水缓苗，促进幼苗扎根定植。

（四）田间管理

1. 中耕除草

直播牛蒡子种植当年，只长叶不抽薹开花。待幼苗长出 2～3 片真叶时进行松土除草。套种地块，生长后期以套种作物管理为主，套种作物收获时，不可损伤牛蒡子根系、过度践踏牛蒡子叶片。栽培第 2 年，牛蒡子绿体春花发芽生叶后，及时清除行间杂草。

2. 间苗、定苗

在牛蒡子出苗期，结合松土除草进行间苗、补苗。待幼苗长出 2～3 片真叶时，进行间苗。种子直播田，每穴保留 1～2 株较为健壮的幼苗；完全没有出苗的穴坑，可从苗多穴坑带土移栽健壮的幼苗进行补苗，保证每个穴坑出苗整齐且成苗健壮。育苗田，每行间隔 5 cm 保留 1～2 株健壮苗。待幼苗在长出 4～5 片真叶时，进行定苗。种子直播田，拔出较弱的幼苗，每穴保留 1 株；育苗田，行间隔 10 cm 保留 1 株健壮苗。

3. 培土

定苗后，菜用牛蒡子在茎叶封行前，需对根区进行培土 8～10 cm，可促进牛蒡子根系膨大。药用牛蒡子在抽薹开花前期需要进行根区培土，防止倒伏。冬季叶片枯萎后，清除田间枯叶杂草，在茎基部培土覆盖 10～15 cm，第 2 年春花发芽后，轻轻扒开覆盖土，以利牛蒡子快速生长。

4. 追肥

牛蒡子需肥量大，种植当年可不追肥。种植第 2 年 4 月下旬至 5 月上旬待牛蒡子的基生叶展开后，结合中耕除草进行第 1 次追肥，亩追施尿素 8 kg 或磷酸二铵 10 kg，促使植株增加分枝和果穗；第 2 次追肥在牛蒡子抽薹期进行，亩追施磷酸钙 20 kg、硫酸钾 15 kg，促使茎秆粗硬，肉质根膨大，果穗籽粒饱满。

5. 灌溉

牛蒡子较耐旱不耐涝，整个生育期需水量大，但土壤过湿会导致其烂根。每次浇水需控制灌水量，以垄面刚刚湿润为好。整个生育期可灌溉 6～8 次，其中播种当年可灌溉 3 次，第 1 次灌溉在播种后，需一次浇透出苗水；第 2 次灌溉在叶片生长旺盛期或灌溉在肉根膨大期，具体视土壤墒情进行；第 3 次灌溉在秋后土壤封冻前。播种后第 2 年或第 3 年，在抽薹前期和开花后期分别灌溉 1 次，第 2 年不收获的田块在入冬前需灌溉 1 次。

（五）病虫害防治

牛蒡子喜温润气候，易发生白粉病、叶斑病、根腐病等病害及蚜虫、黏虫、连纹夜蛾等虫害。可通过轮作倒茬、土壤处理、清洁园地、清除烧毁枯叶病残体等综合措施进行防治。

白粉病：多发于5月中旬或7—8月高温阶段，发病初期叶片表面出现白色小点，后逐渐扩大覆盖整个叶片甚至蔓延至叶柄，导致叶片干枯死亡。发病时可用20%三唑酮乳油1 500～2 000倍液或62.25%仙生可湿性粉剂600倍液交替喷雾防治，喷施1～2次，每次隔10～15 d。

叶斑病：多发于夏季高温高湿雨季，已发病的植株应立即拔除并烧毁，通常在播前用55 ℃左右温水浸种或药剂拌种预防。生长期发病时可25%嘧菌酯悬浮剂800～1 600倍液或30%绿得保悬浮剂300～400倍液喷雾防治，喷施1～2次，每次间隔10 d。

虫害：多发于牛蒡子幼苗期和抽薹期，蚜虫和黏虫在幼龄期可用40%的乐果乳油1000倍液喷雾防治；连纹夜蛾可用1.8%阿维菌素800～1 000倍液喷雾防治；每隔7～10 d喷施1次，喷施1～2次。

（六）采收加工

1. 药用牛蒡子

药用牛蒡子在7—8月逐渐成熟，待种子顶部发黑或黄里透黑时可进行采收，但果实成熟度不一致，需分期分批，随熟随采，一般可采收2～3次。采收时宜选择晴天，将果枝剪下，带回晾晒场晒干，用棒子敲打使籽粒脱壳后，筛去果壳、碎枝等杂质，充分晾晒干燥后，置于通风阴凉处架子上，防止吸潮发霉变质。

2. 菜用牛蒡子

菜用牛蒡子通常在10—11月采挖，采挖时从叶基部以上10～15 cm处割去地上茎叶，在根外侧挖出根长的一半后，用手拔出，脱掉泥土、去除残叶后分级清洗包装。菜用牛蒡子有特级、一级、二级3个等级。

三、应用价值

（一）药用价值

牛蒡子以干燥果实入药，其根部也可入药，二者均味辛、苦，性寒，归肺、胃经，具有疏散风热、清热解毒、宣肺透疹、利咽解毒、清肺止渴等功效，对上焦病变和肠胃湿热病变及风热引起的皮肤病变具有很好的效果，如风热感冒、鼻炎、湿疹疖肿等。牛蒡子主要药用活性成分有牛蒡苷、菊糖、罗汉松脂酚等，其中牛蒡苷具有扩张血管、降低血压、抗炎杀菌的作用，菊糖具有增强人体免疫的作用，罗汉松脂酚具有抗肿瘤、抗诱变等药理作用。

（二）食用价值

菜用牛蒡子主要食用其膨大的肉质根，营养价值极高，可与人参媲美，有着"蔬菜之王"和"东洋参"的美誉。牛蒡子根富含牛蒡苷、菊糖、膳食纤维、蛋白质、多种矿物元素、B族维生素及17种必需氨基酸，其中膳食纤维含量在根菜类植物中居首位。牛蒡子根肉色嫩白，可与牛肉、鸡肉等肉品一起烹饪，风味独特，香鲜可口，不仅含有丰富的营养，而且具有降血压、降血脂等保健功能，为药食两用保健蔬菜，深受消费者青睐，市场需求量较大，是近几年出口创汇蔬菜之一。目前国内对牛蒡子加工主要是保鲜牛蒡子、牛蒡子腌渍制品以及制作饮料等副食品，如牛蒡饮料、牛蒡软罐头、牛蒡丝、牛蒡蒜蓉酱等，大多处于初级加工阶段，其精深加产业还有待大力开发，市场前景广阔。

（三）工业价值

牛蒡子叶中含有水溶性极好的食用绿色素和含量较高的绿原酸，其中，食用绿色素在酸碱环境及光照、高温条件下稳定性和适应性良好，作为天然色素食品添加剂，安全性能良好；绿原酸具有较强的抗氧化性能和生物活性，在调节血糖、抗炎杀菌、保护心血管方面具有很高的功效，对艾滋病毒、肿瘤病毒具有一定的抵抗预防作用。我国牛蒡子种植面积大，牛蒡子叶产量较大，但利用率较低，可采用相应的工艺流程从中提取天然绿色素和绿原酸，将其叶变废为宝，提高产业附加值。

不满足出口商品标准的牛蒡子根或等外品，可将其收集用来提取菊糖。菊糖对糖尿病控制有辅助作用，为低糖、低脂肪、低热量的食品配料，有促进肠道润滑和减肥作用。同时，提取过菊糖的牛蒡子渣可进一步利用，提取膳食纤维，其所得膳食纤维品质、溶胀率、持水率等功能特性均强于常用的麸皮纤维，市场潜力较大。此外，牛蒡子种子中富含脂类物质，提取的牛蒡子油具有很好的保健功能，其营养价值接近大豆油和核桃油。

（四）生态价值

牛蒡子作为一种集药用、食用、工业用等多用途的经济植物，其本身亦是一种中度耐盐旱生植物，在土壤生态修复方面有着巨大的经济价值和环境价值。我国牛蒡子资源丰富，市场空间广阔，牛蒡子产业开发利用潜力巨大。

第六节 北沙参栽培技术与应用价值

一、植物特征

（一）植物特征

北沙参（*Radix glehniae*），又名珊瑚菜，为伞形科多年生草本植物，株高 5 ~ 30 cm，主根细长，呈圆柱形，长 40 ~ 70 cm，茎大半掩埋土中，少部分裸露地面。叶基生，呈卵圆形形或宽三角状卵形，二出复叶或羽状复叶，叶缘粗锯齿状，基部宽鞘状，表面有光泽，具叶柄，叶柄长约 10 cm。花序复伞形，顶生，花白色，花瓣呈卵状披针形，花药偏紫褐色；花柱基扁呈圆锥形。果实为双悬果，呈圆球形或椭圆形，果棱木质化，为翅状，表面覆棕色茸毛。

（二）生物特征

北沙参主根肥大，能深入沙层，喜温暖气候，耐旱、抗寒、抗盐碱，适宜耕层深厚、土质疏松、排水良好的沙质土壤或沙土，对土壤肥力的要求不严，不宜种植在黏土和积水洼地，生长过程中忌积水、雨涝、连作，除出苗期和留种地收获期需要保持水分充足，其余生长季节靠自然降雨可正常生长。北沙参适宜在温度为 18 ~ 22 ℃环境下生长，主产于内蒙古、河北、辽宁等地，可在北方地区自然越冬，一般花期 4—7 月、果期 6—8 月。

二、栽培管理

（一）品种选择

北沙参人工栽培种多是农家种，如常见的白条参（又称白银条）、大红袍、红条参等品种，其中白条参富含糖类化合物，临床医学多用于调节人体免疫，增强抵抗力；大红袍富含胡萝卜素，临床多用于治疗肺燥阴虚、干咳、支气管哮喘、支气管扩张等病症。此外，北沙参还有野生种，通常称为"野沙参"。

（二）选地整地

秋季前茬作物收获，深翻 40 cm 以上，加深耕层、疏松土质，每亩地施入腐熟的农家肥 4 000 kg、草木灰 150 kg，深翻混匀充分晾晒土壤，在 11 月上旬土壤封冻前浇灌冬水。第 2 年春天播种前亩施磷酸二铵 40 kg，浅翻耙平整细后做畦。一般选择禾本科为前茬作物、轮作至少 3 年的沙土或沙壤土地块。

（三）种子处理

1. 种子选择

当年收获的北沙参种子胚未发育成熟，收获后需放置在 5 ℃以下的低温潮润条件下 4～5 个月，促进其完成种胚的后熟进而发芽。经过种胚后熟处理的北沙参种子发芽率显著提高，次年播种发芽率可达 97%；第 2 年中活力部分丧失，发芽率明显降低；第 3 年种子活力基本丧失，发芽率在 10% 以下，故北沙参种子不宜保存过久。播种时，挑选籽粒饱满、胚后熟度好的种子进行播种。

2. 胚后熟处理

北沙参种子采收后，入冬前选择背风向阳处，挖 60 cm 左右深的坑，将种子与黄沙或细河沙按照 1∶3 的比例混拌均匀，然后喷施少量水使种子和沙保持湿润，装袋放入坑内，上面覆盖厚厚的沙土，踩实盖严，放置 4 个月以上，待胚经过低温处理逐渐后熟，来年春季播种前 1 周挖出，筛去沙粒进行消毒催芽。

3. 拌种催芽

经过胚后熟种子播前用 62.5 g/L 精甲·咯菌腈种衣悬浮剂按照 1∶300 进行拌种，预防立枯病、根腐病、炭疽病；或用 150 亿个孢子/g 球孢白僵菌可湿性粉剂进行拌种，施用量为种子质量的 0.2%，预防金针虫、蛴螬等地下害虫。将拌种的种子装在盘子中喷水湿润，在 20 ℃左右条件下催芽，催芽过程时常喷水并翻动种子透气，3～4 d 种子露白后即可播种。

（四）播种

北沙参由于种子胚后熟特性通常选择春季播种。春季 4 月中上旬土壤 5 cm 处地温达到 5 ℃时即可播种。采用开沟条播方式，畦面开沟，将种子均匀撒播入沟内，沟间距 25 cm，播幅 10 cm，播深 5 cm，覆土 2 cm，轻轻镇压或踩实。北沙参种子亩用量 5 kg。播种后土壤墒情一般的地块需灌溉浇水，以畦面湿润为宜。

（五）田间管理

1. 间苗定苗

北沙参播种后 20 d 左右开始出苗，苗期需及时间苗、定苗。间苗于幼苗长出 2～3 片真叶（即苗高 4～5 cm）时进行，间苗时呈 "W" 形留苗，便于植株采光透风。定苗于 5～

6片真叶（即苗高8～10 cm）时进行，按照株距5 cm 保苗，亩保苗量6.5万株左右。

2. 中耕除草

北沙参中耕除草可在苗期伴随着间苗、定苗进行，此时宜浅锄松土。进入根茎生长期，可在灌溉或降雨后进行1次除草，此时可略微深锄，保持土壤疏松透气。视田间杂草情况，可在参苗封垄前，再进行1次中耕除草，此时除草要干净彻底。封垄后一般不再进行除草，若呈现草荒，可将杂草从茎基处剪断，不可拔草，避免伤及北沙参幼苗根茎。整个生长期可视情况除草3～4次。

3. 灌溉

北沙参抗旱性强，整个生育期不需要太多水。一般播种前1年冬天土壤封冻前浇1次冬水，或播种当年春季整地前或播种后浇1次春水或出苗水，有利于种子破土出苗。出苗后在定苗前，需微灌保持土壤湿润，促进幼苗健壮。生育后期一般无须灌溉，要注意田间排水，若遇严重干旱可视情况及时灌溉1～2次。

4. 追肥

北沙参耐贫瘠，一般在播种前一次性施足底肥，保证生育前期养分需求。在8月中上旬根膨大期，每亩可追施有机肥100 kg或农家肥2 000 kg、过磷酸钙20 kg，以促进根部膨大生长。若底肥施入不足，可在定苗后，亩浇灌腐熟的稀薄人粪尿2 000 kg，以促进幼苗茎叶生长。追肥不应追施氮肥，特别是硝态氮，避免北沙参商品根硝酸盐含量超标。

5. 摘蕾

为了防止北沙参开花徒长，与根部争夺养分，当年不留种的北沙参地块，在出现花蕾时，应及时摘掉花蕾，避免开花结籽过度消耗养分，集中养分促进根部膨大，进而提高北沙参中药材产量及品质。

（六）病虫害防治

北沙参为深根系中药材，常见病虫害有根腐病、病毒病、金针虫、蛴螬等，人工种植可采用田间科学管理措施提前预防，如轮作、种子处理、合理灌溉、增施有机肥等。北沙参忌连作，最好轮作3年以上，避免连作导致病虫害发生，同时增施充分腐熟的有机肥，增加土壤有益微生物，提高植物抗病能力。此外，每年在秋季茎叶干枯后，及时清理田间枯枝落叶，将植株病残体收集到园外集中烧毁，清除病原或越冬卵。雨季及时进行田间排水，避免水涝潮湿条件下病害孢子萌发。预防不到位，病虫害发生时，及时选用植物源农药或微生物农药进行防治，控制病虫害扩散蔓延。

根腐病：多发于高温雨季，发病初期，可采用青枯立克水剂 500 倍液灌根防治，发病严重时每 5 d 用药 1 次，连续用药 2~3 次。

锈病：多发于高温季节，一般发生北沙参开花时期，发病时可喷施用 75%百菌清可湿性粉剂 400~600 倍液或 25%三唑酮可湿性粉剂 1 000 倍液喷雾防治，连续喷施 1~2 次，每次间隔 7~10 d。

病毒病大部分由蚜虫传播而来，通常与蚜虫同时防治。

蚜虫多发于 5 月下旬至 6 月，可在田间悬挂黄板进行预防诱杀，虫害发生初期可以喷施 1.5%植病灵乳油 900~1 000 倍液，或 0.5%藜芦碱醇可溶性液剂 400~600 倍液防治，喷施 1~2 次，每次间隔 7~10 d。

生物农药应在收获前 20 d 不再进行喷雾或浇灌，避免农业残留。

（七）采收和加工

1. 采收

北沙参花期为 6—7 月，成熟期为 8 月中下旬至 9 月份，一般在霜降过后，地上植株枯黄时，便可开始采挖。采挖时先剔除地上部枯黄茎叶，再用机械或长叉挖出地下整条根，抖落干净根部土杂，带回晾晒场清洗干净。

2. 加工

清洗干净的北沙参根，先放入沸水中煮沸一段时间，待参条根中间部位外皮能够剥离时捞出，再放入冷水中冷却至不烫手后剥去外皮晾晒。晾晒至七八成干，按直径大小不同分级扎捆，存放于阴凉干燥处的架子上，避免回潮发霉。

三、应用价值

（一）药用价值

北沙参以干燥根入药，其性微寒，味微苦、甘，归肺、胃经，具有养阴清肺、益胃生津的功效，用于肺热燥咳、劳嗽痰血、热病津伤口渴，临床上常用于治疗燥热伤津、咽干口渴、肺阴亏耗、干咳痰少、慢性喉炎、小儿夏热病、支气管炎、百日咳等。北沙参药用活性成分有多糖、香豆素、黄酮、脂肪酸等。其中，多糖具有调节机体免疫、增强细胞免疫、护肝细胞受损、延缓衰老等作用；香豆素具有抑制肿瘤细胞增殖、保护神经系统、调节免疫机能、调节血糖、抗 HIV、抗菌、抗辐射、抗突变等作用；黄酮类具有改善血液循环、降低心血管疾病、保护肝脏、抗炎镇痛、抗衰老、抗肿瘤等作用。

（二）食用价值

北沙参是药食两用植物，其根部不仅可以用药，日常生活中人们也常用来制作食疗药膳和保健茶，如炖肉、煲汤、料理、泡茶等。

第七节　白刺栽培技术与应用价值

一、植物特征

（一）形态特征

白刺（*Nitraria tangutorum*），又名西伯利亚白刺，为蒺藜科白刺属落叶匍匐性小灌木，俗称地枣、地椹子、沙樱桃等。主根健壮，侧根极为发达，多则几十条，入土深度 1 m 以上。株高 1～2 m，多分枝，匍地蔓生，极少数分枝直立，树皮淡黄色，幼枝灰白色，前端呈尖刺状，老枝灰褐色，枝条无刺或少刺，外皮具线型纵向裂纹。叶互生，簇生在嫩枝上，每簇 4～6 片，叶长 1～2 cm，先端圆钝，基部斜楔形，呈倒披针形或长倒卵形，表面灰绿色，背面淡绿色，略显肉质，全缘不具毛。花白色，聚伞状花序，生于枝顶，密集稠密，花萼 5 片，呈绿色，花 5～6 月。果实近球形或椭圆形，皮薄革质，表面有白色毛，两端钝圆，直径 6～8 mm。果实成熟初期呈红色，光泽鲜亮，成熟后期转为暗红色最后为黑色，肉质多浆，果汁酸、涩，有甜味，呈暗蓝紫色或玫瑰色，果熟期 7—8 月。

（二）生物特征

白刺为超旱生长日照灌木，具有耐寒、耐旱、耐盐碱、耐贫瘠等抵抗恶劣环境的特性，根区体积庞大，主根系可深入地下浅水层，侧根水平方向延伸幅度是株高的十几倍，生长繁殖速度快，可在短时间内快速形成植被覆盖地表。肉质叶蒸腾速度慢，枝叶茂密，可减缓风沙移动聚积，也耐风蚀、耐沙埋，风蚀裸露于地表和被沙埋的枝条，枝节处能快速萌生不定根，并长出新的枝条，如此往复根枝蔓生，不久就形成一个个沙丘状灌丛。白刺通常生长年限在 30～40 年，寿命长，适应范围广，对生长环境和土壤质地要求不严，不耐水积，适合光照强烈、降雨稀少的干旱荒漠地区，多分布于我国西北、华北及东部沿海地区。极耐盐碱，常在中、轻度盐碱草甸上构建群落，与盐爪爪等盐生植物构成荒漠群落，并呈同心圆式生态分布，是荒漠、半荒漠地区生态治理及盐碱改良的优良建群种。

二、栽培管理

（一）选地整地

白刺不耐水涝，造林地应选择降雨较少、地势偏高且植被覆盖面积较少的沙土、沙壤土及重度或中度盐碱化土壤，不宜选择地势低洼、排灌不便且周围植被茂密的地块。造林前，需根据造林地块的地势、质地、植被覆盖等不同情况进行差异化整地，不宜进行整块地翻整。对零星散布在草原荒漠地带的盐碱地进行局部整地，仅在盐碱化的区域整地植苗，尽量减少原有生态植被的破坏，保持草原群落结构，有利于白刺苗生长并发挥生态功能。对于植被覆盖面积小于40%的中度或重度盐碱化土地，进行全面带状整地，深翻耕40 cm，耙细耙平，再进行造林。对于沙漠林带补植的区域，无须整地。带状种植地块通常林带宽约1.0 m，带距1.5～3.0 m。草原盐碱化和沙漠地块作业可采用人工挖穴或机械做穴的方式植苗，穴径20～40 cm，穴深40～50 cm。

白刺育苗地，选择地势平坦、排灌方便的沙壤土或轻中度盐碱地，深翻耙细整平做畦，畦上开沟直播。整地时将畦面两侧片拍打紧实，畦中间留30 cm的人工作业步行道，畦宽控制在1.0 m左右，畦面沟间距15 cm，播深2 cm。

白刺适应性极强，造林地和育苗地可不施肥。

（二）繁殖育苗

白刺繁殖方法：种子直播、无性繁殖。育苗通常于4月上旬开始。

1. 种子直播

白刺种子种皮坚硬，透水性和透气性较差，直接播种出苗率低，需要进行催芽处理。首先进行种子筛选，保证纯净度在99.5%以上，再将种子浸入60～70 ℃热水中，浸泡1～2 d后捞出，按照种沙比1∶3的比例掺混湿沙后，置于容器中用草帘或纱布覆盖，放置在避风向阳处20 ℃条件催芽，待1/3种子露白后即可进行播种。

播种时在畦面开沟点播，在沟内每隔10 cm点播催芽处理的种子5～10粒，轻轻覆土，用木板压实，喷湿畦面，覆盖地膜保湿保温。播种后5～7 d白刺可出苗，等幼苗长出2～3片真叶时，可就地带土移栽。

2. 无性繁殖

白刺枝条生长速度快，再生繁殖能力强，大面积种植可采用枝条扦插无性繁殖进行育苗。扦插条选择白刺植株当年新生的幼嫩枝条，剪成15 cm长的插穗，放在水中浸泡1夜，再蘸取少量生根粉后，按照株行距10 cm×15 cm扦插于苗床上，1个月左右插穗可生出不定根，扦插育苗无须畦面开沟，且成活率高。

（三）造林

1. 直播造林

直播造林采用挖穴移植，穴深 2～3 cm，株行距 1.0 m×2.0 m，每穴放入 5～8 粒催芽露白的种子，覆土 1.0 cm，轻轻摁实。土壤墒情不好的地块，可在播前在穴坑内灌溉些许底水，待水渗下，土壤不粘脚后再进行播种。

2. 植苗造林

白刺植苗可在夏季 5 月份或秋季 9—10 月进行。移植时，以种子直播实生苗和插穗无性繁殖苗长出 2～3 片真叶为起苗标准，可直接带土起苗挖穴移栽，也可用移苗器在预先整理好的造林地打孔移植。移栽后及时浇水封穴，提高幼苗成活率。

（四）抚育管理

1. 除草

白刺对环境的适应性极强，造林地幼苗定植成林后，无须过多管理。成林前，植株矮小，匍匐于地面生长。中度盐碱地杂草易生，每年夏季和秋季要及时进行机械除草或喷施除草剂，机械除草可结合松土同时进行。育苗地，白刺幼苗生长缓慢，易受杂草胁迫，在白刺种子破土齐苗后或插穗长出 1～2 片真叶时，要及时中耕除草，之后间隔 1 个月左右除草 1 次，需除草 3～4 次。造林地，可利用机械除草，亦可结合整地一并进行。

2. 灌溉

白刺喜光、抗旱，不耐阴凉不耐涝，除墒情较弱的育苗地播种后和造林地移植幼苗后需要及时灌溉，使土壤水分充足，保证种子发芽、幼苗扎根，其余生长阶段需水量较少，自然降雨即可满足水分需求。夏季和秋季发生暴雨时，做好林地排水处理，避免土壤水涝淹根，影响白刺生长。

3. 病害防治

白刺抗性强，病害较少，但遇夏季高温高湿并发季节，锈病发生比较普遍。锈病发病初期，白刺叶片发黄，并慢慢萎蔫脱落；发病后期孢子侵染枝条和果实，果实不能正常发育。侵染锈病孢子的枝叶在发病初期最好及时剪除并集中烧毁，发病严重时需喷施 25%氟硅唑·咪鲜胺水乳剂 1 000～1 200 倍液防治。

三、应用价值

（一）生态价值

白刺根系发达，生长较快，喜光耐旱，耐盐能力极强，对根区周围土壤固持能力强，水土保持作用显著，耐盐能力较强，在重度盐碱地中亦能生长，具有良好的盐碱地改良作用，被人们盐碱地上的"坚强卫士"。白刺再生繁殖能力强，分枝稠密，枝叶浓绿，匍匐茎近地面丛生，遭风沙掩埋后很快能够萌生大量不定根，进而长出新的匍匐茎固定流沙，在地表形成低矮的灌丛沙包，可以增加地表植被覆盖度，有效降低蒸发强度，减缓盐分随水运移，集聚在土壤表层。因自然风蚀或人为放牧、破坏等导致白刺根系部分裸露，裸露在外的根系不会死亡，反而会生出新的枝条，防风固沙作用良好。白刺作为防风固沙及盐碱地绿化利用的先锋树种之一，生态防护功能极强，是荒漠地区荒漠化防治和生态治理的优良树种。

（二）食用价值

白刺果实，俗称白刺果，成熟后的鲜果色泽红艳，酸甜可口，是沙漠地区罕见的野生水果，营养价值极为丰富，富含蛋白质、多糖、黄酮类化合物、氨基酸及多种维生素和矿质元素。据测定，白刺果实干果肉中含总糖 42.8%、粗蛋白 12.8%、粗脂肪 25.9%、维生素 C 含量 3.13 mg/g，8 种必需氨基酸含量 1.21 mg/100g。其果实籽粒含总糖 8%、粗蛋白 11.2%、粗脂肪 11.50%、总黄酮 0.68%、维生素 C 含量为 1.37 mg/g、8 种人体必需氨基酸含量 7.69 mg/100 g，其营养价值堪比山楂、柑橘、沙棘，高于梨、苹果、柿子等水果。长期食用白刺果可提升身体功能、调节代谢等。白刺鲜果可用于加工饮料、果汁、酿酒、制醋，干果可制作白刺果粉和果蜜，成熟后的白刺果实籽粒可用于榨油，食用价值和经济价值较高。白刺产品极具地域特色，是荒漠地区一种神奇的生物资源，市场开发潜力巨大。

（三）药用价值

白刺果具有药用功效，因其浆果富含多种保健和药用成分，具有"沙漠樱桃"之称，是保健品开发的重要资源。白刺果实性温，味甘、酸，具有健脾益胃、助消化、安神解表、调经活血等功效，可用于治疗消化不良、脾胃虚弱、伤风感冒、神经衰弱、气血两亏、月经不调等疾病。常被用于白刺原花青素的提取、白刺多糖的提取、白刺果粉的研制，医用价值突出，开发前景十分广阔。

（四）饲用价值

白刺作为我国干旱荒漠地区植被恢复、生态治理的建群树种之一，亦是一种营养价值较高的饲用植物，可作为牲畜的补充饲料加工利用。白刺枝叶繁茂，据测定每平方米白刺可产鲜嫩枝叶 473～1 225 g，富含粗蛋白、粗纤维等营养物质，是牛、羊及骆驼均喜食的牧草。

第八节　沙棘栽培技术与应用价值

一、植物特征

（一）形态特征

沙棘（*Hippophae rhamnoides*），为胡颓子科沙棘属落叶灌木，株高 1.5m，茎秆粗壮，分枝繁密，棘刺密布，顶生或侧生。嫩枝呈墨绿色，密被白褐色鳞片或白色星状柔毛，老枝呈灰黑色，粗糙有裂纹。单叶，近对生，长披针状或矩圆披针状，尖端钝形，基部近宽圆形，表面呈绿色，具白色星状或盾状柔毛，背面呈银白色或淡白色，具鳞片，不具柔毛；叶柄极短，近无。浆果，圆球形，直径 4～6 mm，橙红色或橘红色，味酸甜，具短果梗。种子小，为椭圆形或卵形，略扁，呈黑色或紫黑色，具光泽，千粒重 9～10 g。花期 4—5月，果期 9—10 月。

（二）生物特征

沙棘向光性和耐旱性极强，属于阳性树种，适宜生长在阳光充分的向阳处，适应性较强，对土壤质地、肥力水平及地形地貌等要求不高，不喜水涝，极耐贫瘠、酷热和严寒，多生长在沙地、沙质壤土地、盐碱地甚至半石半土山坡上，在降雨不足 400 mm 的沟谷山间阳面、荒山坡地、河漫滩地也有生长，在荒漠地区极端低温-40 ℃和极端高温 40～50 ℃气候环境下仍能生长，自然分布在青海、甘肃、内蒙古、新疆等荒漠地区和干旱丘陵地带。沙棘灌丛枝条稠密，根系垂直方向和水平方向发育均很发达，植株间相互交错连接，在地下形成庞大的吸水根群网，毛根丛状聚集固结土壤表层沙粒，根蘗苗繁殖能力强，可快速扩大种群，同时其根部共生根瘤及集聚的枯枝落叶腐熟进一步培肥土壤，改善沙区土壤性质，使得流沙可以被固定，同时沙棘植被可以减弱风沙运动，避免地表受到风蚀，对干旱荒漠区环境改善、荒漠化治理、水土保持等生态维护具有重要的作用。

二、栽培管理

（一）选地整地

沙棘栽植土壤宜选择土层深厚、土质稀松、不易积水的沙壤土或沙质壤土或中轻度盐碱地。栽植前 1 年秋天应深翻晒地，进行全面平整、带状平整或局部整地，填平水沟，耙细土块，耙平表土。采集沙棘果的林地可亩施腐熟有机肥 3 000 ~ 4 000 kg。

育苗地应选择地势平坦、土层深厚、排灌方便的沙壤地或沙土地，播前深翻耕，并亩施充分腐熟畜禽有机肥 2 000 ~ 3 000 kg，翻混均匀，耙平镇压，做苗床，苗床宽 1.0 ~ 2.0 m，播种育苗后覆膜。

（二）繁殖育苗

沙棘繁殖育苗有播种育苗和扦插育苗 2 种方式。相较于扦插育苗，播种育苗成活率更高，因此，一般农业生产中多采用播种育苗。

1. 播种育苗

（1）种植采集。4 ~ 5 年生沙棘才可开花结果，通常开花后 9—10 月果实成熟。沙棘果实成熟后不脱落，挂果时间较长，相应采种时间较为自由。由于沙棘植株表面布满针刺，因此在果实采集时先将挂满果实的枝条剪下，用石碌子将浆果碾压后放入到清水当中浸泡 24 h，过滤掉果皮等杂物，并反复淘洗干净，晒干备用。或等冬季浆果干瘪结冻后，用木棍将其抖落收集，捣碎后加入清水搅拌至种子与果肉分离，再过滤清洗晒干。沙棘果实的出种率极低，但种子发芽势极高，发育完全的种子发芽率可达 90% 以上。

（2）种子处理。沙棘种子颗粒细小、种皮坚硬并附着一层胶膜，透水性差，直接播种发芽破土缓慢，需进行浸种催芽处理。首先将种子用 50 ℃左右的温水浸种 2 ~ 3 d，然后捞出与 8 ~ 10 倍种子量细湿沙掺混，进行沙藏催芽，待种子露白后可进行播种。催芽过程中时常喷水，保持沙子湿度在 15% ~ 20%。

（3）播种育苗。播种育苗一般于春季进行，播前 2 ~ 3 d 灌溉苗床，待水分下渗，土壤不粘脚后，在苗床开沟条播，沟间距 20 cm，播深 2 ~ 3 cm，用筛子轻轻覆沙土 1 cm，亩用种量 5 ~ 6 kg。待苗齐后，进行间苗并松土除草；待幼苗长出 3 ~ 4 片真叶时，再进行 1 次间苗除草。沙棘不耐涝，播种当年视苗床墒情灌溉 4 ~ 5 次，每次灌溉以苗床刚刚湿润为好。

2. 扦插育苗

（1）插穗制作。选择 2 ~ 3 年生且直径大于 0.8 cm 的幼嫩健壮枝条，在每年初春 3 月中上旬进行采集，采集的穗材枝条剪成 20~30 cm 长的穗段，上平下斜，捆成小扎捆，放入水中吸水催根 2~3 d。

（2）扦插育苗。插穗在播前用 1% 生根粉溶液和 62.5 g/L 精甲·咯菌腈悬浮种衣剂 300~500 倍液倍液蘸根，斜端插入土壤 10~15 cm，扦插后及时灌溉。待插条长出新梢后撤去地膜。大田扦插育苗，扦插当年入冬前，在苗床上覆盖小麦秸秆或玉米秸秆，保证扦插苗安全过冬。

（三）栽植造林

1. 苗木规格

沙棘造林苗木宜小不宜大，通常待幼苗根系发育健壮，颜色呈褐色或深褐色时可起苗移栽，日常生产中选择 1~2 年生且株高在 30~50 cm 之间实生苗或扦插苗。

2. 栽植时间

春秋两季均可进行沙棘栽植造林。秋季移植造林通常在沙棘落叶后（10 月下旬至 11 月上旬）进行；春季栽植造林在 5 月份进行。

3. 栽植方式

沙棘移栽一般多在荒漠沙地或丘陵山区，干旱多风沙，定植时宜深不宜浅，一般采用挖穴定植或开沟定植，沟宽（穴直径）50 cm、沟（穴）深 50 cm。栽植时将幼苗根系带土竖直放入沟（穴）内，分两次填土踩实，表层覆虚土，及时浇水。具备灌溉设施的地块沿定植沟（穴）中心线铺设滴灌管，进行有效灌溉。用作防风固沙的沙棘林木，株行距可以为 1 m×2 m。用于采收沙棘果的林地，定植密度适当降低，株行距可调整为 3 m×4 m，有利于果实增产及林间机械作业。沙棘林雌雄株比例可以按照 8∶1 或 10∶1 进行定植。

（四）抚育管理

1. 补苗培土

栽植后 20~30 d，查看苗木成活率，对生长不佳或已经死亡的苗木地块及时进行补栽。对风蚀严重、根系外漏的植株进行少量培土，覆盖根系避免风干。

2. 灌溉

沙棘耐干旱，适应能力较前强，成活后无须过多浇水。对采果林地，为提高产量，每年生长季节根据降雨情况可灌溉 3~4 次。第 1 次灌溉于春季苗木萌芽后（4 月末至 5 月初）进行，此阶段沙棘进入花期；6—8 月可视情况灌溉 1~2 次，此阶段沙棘大量结果；入冬前进行越冬水灌溉，保证沙棘来年春季快速萌芽。

3. 中耕除草

沙棘寿命较长，整个生活史可达30多年，但种植后3年内生长减慢，需要对种植沟（穴）内的土壤有效进行松土。中耕松土深度控制在4~5 cm，疏松根区周围地表土壤，增加透气透水性能，有利于沙棘根系水平方向延展。松土时尽量避免损伤沙棘幼苗须根系，同时用机械清除林道间杂草。

4. 套种

沙棘栽植3~5年进入结果期，可以在行间套种其他矮秆类的农作物或豆科作物，不仅可以充分利用土地，提高经济收入，同时还能够哺育沙棘林，促进沙棘丰产。不宜套种根茎较大及易感根腐病的作物。

5. 追肥

沙棘耐贫瘠，生态林不用追肥；采果林为提高沙棘果品质和产量，适当进行追肥。追肥可结合在每年秋季行间中耕进行，在距沙棘主杆30 cm处开浅沟，每亩沟施有机肥2 000~3 000 kg；也可在开花前期（4月末至5月初）结合灌溉亩施磷酸二铵和硫酸钾各10~15 kg。

6. 整形修剪

沙棘成林后，为方便作业，提高沙棘果产量，需要进行修剪，株高一般控制在2 m左右。沙棘芽眼茂密，茎节较短，萌发能力相对较强，一般采用短截缩放式的修剪。沙棘移栽造林后3年内，进行单枝干短节修剪，促进侧枝萌发，形成低矮多干植株。沙棘种植10~15年，是结果旺盛期，可通过疏剪、短截、摘心的方式，促使结果枝加粗蓄积更多养分，并促进结果枝条有效分化，提高坐果率，尽早结果。种植15年以上的沙棘，生长速度逐渐降低，每年需进行平茬复壮修剪，修剪中下部、边缘老枝，促进新生枝条萌发。

7. 病虫害防治

沙棘在种植过程中可能会遭受沙棘绕实蝇和木蠹蛾等害虫的为害，可提前采用光诱杀、黄板诱杀。虫害发生严重时，在其成虫羽化期喷施8 000 IU/mg苏金云杆菌可湿性粉剂100~200倍液或400亿个孢子/g球孢白僵菌可湿性粉剂1 500~2 000倍液防治，连续喷洒2~3次，每次间隔7 d。

（五）果实采收

沙棘浆果较小，果实表层较薄，枝干棘刺较多，易发生破损，成熟后采摘难度较大，采收时期必须轻拿轻放。日常生产中通过人工剪枝或机械剪枝采收。一般待果实呈橘黄色时进行采收。采收果实若无法立即销售，需要在低温、通风的地方进行贮存，贮藏室湿度控制在 90% 以上，保持鲜果色泽和水分。

三、应用价值

（一）生态价值

沙棘耐旱、耐寒、抗风蚀、耐盐碱，适应能力较强，具有生态绿化、植被恢复、防风固沙的作用，不仅可以有效缓解水土流失问题，还具有恢复沙化地区植被的能力，有助于改善脆弱的生态环境，是一种重要的抗旱造林树种。同时也具很高的经济效益，更是一种高产稳产优质的经济树种。

（二）经济价值

沙棘利用率高，经济价值非常可观，其根、茎、叶、果实均富含维生素、脂肪酸、氨基酸等多种营养物质和生物碱、亚油素、黄酮类等生物活性成分。特别是沙棘浆果色泽亮丽，酸甜美味，营养价值极高，富含多种天然维生素，其中 100 g 维生素 C 含量高达 1 100～1 300mg，堪比 400 g 猕猴桃、3 kg 柑橘及 11 kg 苹果中维生素 C 的含量。目前沙棘果已逐步产业化，市面上已涌现大量沙棘系列产品，如沙棘原浆、沙棘果酒、沙棘果粉、沙棘果干、沙棘油、沙棘茶等，这些产品不仅食用美味，还具有一定的药用保健作用，可辅助治疗心脑血管疾病和糖尿病，提高人体免疫功能，缓解呼吸道疾病等。此外，沙棘嫩叶和沙棘油中维生素含量及活性物质成分基本一致，可用作高档化妆品及保健品的原料。同时沙棘嫩枝叶及沙棘浆果和沙棘籽加工后的废果渣、籽粕均富含粗蛋白、粗脂肪、粗纤维、多种维生素和氨基酸等饲草营养成分，是品质较佳的牲畜饲料。

第九节　沙葱栽培技术与应用价值

一、植物特征

（一）形态特征

沙葱（*Allium mongolicum*），别名野葱、山葱，为百合科葱属多年生草本植物，具根茎。鳞茎柱形，外皮黄褐色或棕黄色，密集簇生。基生叶，细线形，粗 0.5～1.5 mm，短于花葶。花葶短圆柱状，高 10～30 cm。伞状花序，小而密集，半球形或球形，呈紫色或淡紫色，花期 6—8 月。种子轻小，扁圆状，呈黑色，成熟期 8—9 月。

（二）生物特征

沙葱属于旱生长日照植物，喜强光、耐酷热、耐寒、耐旱、耐贫瘠，适应性强，对生境要求不严格，多见于半干旱荒漠沙地或干旱的河滩荒坡地，自然分布在北方荒漠草原和沙漠边缘地带。

沙葱根系发达，纵向和横向同步生长，主要分布在 0～30 cm 土层，固沙保水能力强；地上部茎叶分蘖萌生能力强，极耐干旱，在常年不降雨的地区仍能生长，一旦遇雨迅速分蘖，2～3 d 便可茎叶丛生，色泽浓绿。耐沙埋耐风蚀，根系和种子寿命长，沙埋多年仍可发芽，是沙漠草甸植物的伴生植物，现已大面积人工栽植。

二、栽培管理

（一）选地整地

沙葱人工栽植地，宜选择地势平坦、土层深厚、排灌方便的沙土或沙壤土。全面深翻耕整地，翻耕深度 30 cm 左右，亩施充分腐熟的牲畜有机肥 1 500～2 000 kg，去除草根、石砾等杂物。移栽前，浅旋疏松表层土壤，亩施复合肥 5 kg 做基肥，耙平耙细。

（二）繁殖育苗

1. 育苗设施

沙葱现已大多采用设施育苗，可选择土木结构塑料、钢架塑料日光温室。苗圃地选择沙土或壤土上铺设 1 层厚沙做苗床，苗床宽 1.0～1.5 m。育苗前充分灌溉苗床，并用 0.05%～0.1%KMnO$_4$ 溶液进行消毒、杀菌。

2. 繁殖育苗

沙葱育苗可采用种子育苗，也可采用分株栽植。

3. 育苗时间

沙葱育苗可在春季 3 月底土壤解冻后或秋季 9 月初进行。

4. 种子育苗

沙葱种子轻小，播前应精挑细选，选择籽粒饱满，纯净度＞95%的种子，播前用 0.1%～0.15%KMnO$_4$ 溶液浸种 1～2 h。播种方式以穴播为宜，播种深度 2～3 cm，播种密度 10 cm×10 cm 或 10 cm×15 cm，每穴播种 5 粒种子，亩播种量 3.0 kg 左右。播后覆沙轻压，及时灌水，出苗期保湿苗床湿润，温度适中，育苗大棚内需要及时开窗通气。

5. 分株移栽

虽然野生沙葱资源分布较多，但大量采挖会对生态造成破坏。农业生产中多采用种子直播繁殖或种子繁育的一年生（4～5片真叶）或多年生的沙葱苗分株栽植，每株沙葱可分成4～5小株。采用开沟移植，沟深15 cm，沟宽10 cm，株距5～8 cm，移栽时将分好的沙葱苗放入定植沟，覆盖10 cm厚的细沙，向上轻提幼苗使根部舒展，使部分鳞茎露出土面，再轻轻压实根部沙土。栽植后立即灌水，以利缓苗。

6. 幼苗管理

沙葱播种移栽后，在种子出苗和栽苗扎根前，需关闭日光温室风口，每天灌溉1次，保持温度在20～25 ℃，相对湿度在65%～80%，有利于促进种子发芽、栽苗缓苗。待出苗整齐后，每天需要起棚膜通风透气，控制棚内温度在25 ℃左右，早晚微灌1次，以床面微微湿润为好；同时做好苗床松土除草工作，松土时避免损伤幼苗根系。

（三）移栽

沙葱幼苗长至5～10 cm时，可进行移栽。起苗前2 h灌水浸透苗床，使沙土松软，完整挖出幼苗根部。起苗时先铲松苗木根部的土壤，轻轻拔出后，剪去幼苗过长的部分根系。移植时用微型铲或小木棍插入土壤，前后晃动挤一个小孔，将沙葱苗根系放入孔内，移出小铲或小木棍，扶正苗木，压实根部沙土，及时灌溉。沙葱移栽密度10 cm×15 cm。

（四）田间管理

1. 灌溉

沙葱耐涝性较差，整个生育期需水量不多。人工栽植为提高产量，在沙葱生长旺盛期结合刈割灌溉，每个刈割期（25～30 d）灌溉2～3次，基本见干就灌，每次灌溉不宜过多，每亩灌水量控制在30～35 m³。露地栽植，9—10月，随着气温降低，沙葱生长缓慢，需减少灌水量和灌溉次数，不旱不浇，入冬前灌溉1次冬水。

2. 追肥

人工栽植沙葱以基肥为主，可供刈割2～3茬，之后沙葱生长缓慢，易出现黄叶、枯叶。为提高沙葱产量，实现周年生产，每次刈割后亩追施磷酸二氢钾5 kg或磷酸二铵10 kg或随水冲施液体有机肥。日光温室生产，进入10月下旬后，逐渐控制灌水量和灌溉次数，每个刈割灌溉追肥1次，温室内温度保持在10～25 ℃。

3. 培沙

沙葱每次刈割后，需在表层覆盖一层薄沙，培沙厚度以 0.5 ~ 0.8 cm 为宜，保持生长点露出沙土。

4. 病虫害防治

沙葱在栽培过程中病虫害发生较少，在夏季高温高湿气候条件下，灰枯病偶尔会发生，可通过通风透气、加强田间管理来预防。灰枯病发生严重时可喷施 0.3%四霉素水剂 500 ~ 600 倍液喷雾防治，刈割前 10 d 禁止喷施。

（五）刈割

沙葱生长速度快，移栽后 40 d 左右进入旺盛生长期，可进行第 1 茬刈割，之后基本每天平均以 1 cm 左右的速度生长，长至 25 ~ 35 cm 高时刈割，通常间隔 25 ~ 30 d 刈割 1 次。每次刈割宜在下午 16:00 以后或早晨 10:00 之前进行，留茬高度 1 cm。

三、应用价值

（一）食用价值

沙葱嫩绿的茎叶作为蔬菜食用，清爽可口，香味独特。其营养成分比较全面，富含粗蛋白、粗纤维、粗脂肪、β 胡萝卜素及天然氨基酸和矿质元素等，是一种营养价值极高的野生蔬菜，被誉为"菜中灵芝"。据资料显示，1 kg 沙葱含粗蛋白 26.8 ~ 28.7 g、粗纤维 54.9 ~ 63.5 g，总氨基酸含量为 95.73 ~ 96.65 g，营养价值极高。沙葱生长迅速，每年亩产可达 3 000 ~ 4 000 kg，一般市场价格在 5 ~ 8 元/kg，经济效益可观。发展沙葱产业不仅可为农牧民增收经济收入，还可拉动地方特色产业发展。

（二）药用价值

沙葱作为药食两用天然绿色食品，除日常制作佳肴食用外，还具有一定的药用保健作用。其性温，味辛，具有开胃消食、利尿消肿、杀菌抑菌之功效，日常食用可促进消化、增强视力、提高身体免疫力、预防老年痴呆等，保健功效良好。

（三）饲用价值

野生沙葱不仅为人类喜爱，也是草原牲畜喜食的牧草。野生沙葱是荒漠地区牲畜的优等饲用植物，对牲畜的抓膘育肥及疾病预防有重要作用，可作为天然饲料添加剂开发利用。

采食野生沙葱的牛羊，其肉质风味独特，食用口感更佳。

（四）生态价值

沙葱作为长日照强光性宿根植物，生命力顽强，较强抗逆性和适应性，在荒漠地区逢雨就生，在固持水土、生态治理方面具有重要价值。人工种植沙葱，对干旱、半干旱荒漠草原区生态维护、环境绿化具有重要意义。

第十节　沙芥栽培技术与应用价值

一、植物特征

（一）形态特征

沙芥（*Pugionium cornutum*），别名沙盖、山羊沙芥、山萝卜，为十字花科沙芥属二年生草本植物。根系发达，主根长达 80～160 cm，根茎 15～20 mm，圆柱形，肉质，呈白色或米白色。株高 50～100 cm，茎直立或斜生，分枝极多。茎生叶，肉质，呈莲座状展开，具长柄，条状矩圆形，长 15～30 cm，宽 3.3～4.5 cm，羽状全裂。总状花序，顶生或腋生，多个花朵簇成圆锥状，花瓣白色或淡黄色。短角果，革质，具翅，翅短剑状，果核扁椭圆形，表面布刺状突起。种子扁矩圆形，黄褐色。花期 6—7 月，果期 8—9 月。

（二）生物特征

沙芥属直根系沙漠植物，喜光照，肉质根极为发达，可深入沙漠地下水层汲取水分，耐旱性超强。地上部肉质茎簇生密集，生长速度快，第 1 年株高可达 40～50 cm，第 2 年可开花结果。抗逆性和适应性强，多见于荒漠草原沙地或沙漠固定、半固定沙丘向阳面，在沙化或半沙化的平地、沟旁也有生长，自然分布于我国北方沙漠地区和荒漠草原沙化地带，耐沙埋、抗风蚀，种子萌发能力强，遇雨即发，适宜在土层深厚的绵沙土中生长，在肥沃的壤土或黏土农田地、沙砾荒滩及明沙中生长不佳。

二、栽培管理

（一）选地整地

沙芥人工栽培时，应选择沙层深厚、疏松透气的黄沙土或直径小于 0.5 mm 的细沙地。

播种前亩施充分腐熟牲畜有机肥 2 500～3 000 kg 做基肥，深翻耕混匀，做畦播种，肥力较低的增施少量磷钾肥。畦面宽 1.5～2.0 m，畦高 8～10 cm。

（二）播种

1. 种子处理

沙芥直接用采集的野生角果播种。播种前用清水浸泡角果种子 1～2 d，使其吸水膨胀，发芽率在 50%～60%。

2. 播种时间

沙芥通常于春季 4—5 月地表温度达到 5～10 ℃时播种。

3. 播种方法

沙芥采用挖穴播种。穴深 5 cm，穴径 3～5 cm，每穴播种 5～8 粒，覆湿细沙，压实浇水。

4. 播种密度

沙芥播种穴行距 40 cm×30 cm，亩播种量 6～7 kg，亩保苗量 2 万～3 万株。

（三）田间管理

1. 间苗、定苗

待沙芥长出 2～3 片细叶时，每穴保留茎叶较粗的幼苗 2～3 株，间除其余幼小苗；长至 4～6 片细叶时，每穴只保留 1 株最壮的苗，进行定苗。

2. 中耕除草

结合间苗、定苗，及时进行畦面松土除草。生长后期视杂草生长情况及时除草，播种当年需除草 4～5 次。

3. 灌水

沙芥播种后，顺畦沟灌 1 次出苗水，以畦面湿润不积水为宜。待幼苗长至 5～6 片叶时，顺畦沟进行第 2 次灌水，以刚刚浸湿畦面为好。之后根据降雨情况，灌溉 2～3 次，8 月下旬停止灌溉，11 月上旬灌溉 1 次冬水。种植地 2 年开始在沙芥生长旺盛期（5—9 月）结合茎叶采收灌溉。沙芥不耐涝，生长期需控制灌水量。

4. 追肥

沙芥种植当年无须追肥。种植第 2 年开始，结合茎叶采收追肥。茎叶第 1 次收割于株高 30 cm 时进行，收割后结合灌溉顺畦沟亩追施磷酸二铵 15 kg 或磷酸二氢钾 5 kg。收割 2 茬追肥 1 次，每次追肥量一致。

5. 病虫害防治

沙芥虫害主要有潜叶蝇、小菜蛾、菜青虫和地蛆，病害主要有白粉病，实际生产中可采用土壤消毒、悬挂黄板及合理的田间管理措施进行预防。虫害多发生于 6—8 月，潜叶蝇、小菜蛾采用 8 000 IU/ μL 苏金云杆菌悬浮剂 500 ~ 600 倍液喷雾防治，菜青虫和地蛆采用 0.4%氯虫苯甲酰胺颗粒剂 600 g 拌细土 10 kg 撒施于地表防治，白粉病采用 15%三唑酮可湿性粉剂 1 000 倍液或 0.3%四霉素水剂 500 ~ 600 倍液喷雾防治。

（五）采收

1. 茎叶采收

沙芥出苗长至 30 cm 左右时，可采收鲜嫩茎叶。每次只采摘外圈叶，留 2 ~ 3 片心叶，促进其周年循环利用。沙芥生长速度快，生长旺盛期每隔 20 d 左右后采收 1 次茎叶，每年可采收 5 ~ 7 次，每亩每年采摘量可达 600 ~ 800 kg。10 月份停止采摘，并在霜降前将地上部茎叶全部刈割。

2. 种子采收

沙芥种子采收可在播种后第 2 年或第 3 年进行。沙芥一般 6 月中旬开花，9 月种子成熟，角果呈土黄色，种子的种皮呈金黄色。采收种子的沙芥植株或留种田，在 5 月份需进行打顶，以促进侧枝萌蘖，多增加种子结实量。

三、应用价值

（一）食用价值

沙芥是沙漠地区人们日常食用的一种野生蔬菜，其鲜嫩茎叶可清炒、凉拌、腌制、拌馅、炖汤等烹饪食用，口感辛辣，风味清爽，营养物质全面，富含粗蛋白、糖类及多种维生素、氨基酸和矿质元素。沙芥通常在 10 ~ 12 片叶时，蛋白质、氨基酸和维生素含量达到最高，粗脂肪和糖分含量极低，适宜高血压、高脂血症人群保健养生食用，属于低脂低糖高蛋白绿色保健蔬菜。沙芥多年生肉质根营养成分也很丰富，特别是氨基酸种类多且含量高，具有"沙漠人参""魔术菜"等美誉，人工驯化栽培沙芥经济效益可观，亩产值可达

4 000 元以上，在保护其野生资源的基础上，可进行综合开发利用。

（二）药用价值

沙芥全株可入药，其味辛，性温，具有行气、止痛、消食、解毒、宣散清肺等功效，可治疗消化不良、胸肋胀满、咳嗽有痰、食物中毒等症，其种子和茎叶富含挥发油和黄酮类成分，可加快肠胃蠕动、调节消化系统、提升机体免疫、降低血胆固醇。

（三）饲用价值

沙芥生长后期粗蛋白含量下降，粗纤维含量大大增高，茎叶中营养物质水平与麦秆、谷草等中等饲用植物相近，骆驼和牛羊均喜食，是沙漠地区畜牧业发展的重要补充饲料。

（四）生态价值

沙芥根系发达，侧根密集，主根粗长，深达地下 1 m 以上，侧根幅宽达 60～80 cm，分蘖萌生能力强，分枝多，叶幅宽，绿化覆盖度面积大，耐干旱，耐瘠薄，极耐沙埋，可有效固持土壤，防治水土流失，减缓流沙移动，防治沙漠化，保持生态平衡，是沙漠地区治理水土流失、防风固沙的典型先锋植物。

第四章　荒漠药用饲用植物栽培技术与应用价值

第一节　紫花苜蓿栽培技术与应用价值

一、植物特征

（一）形态特征

紫花苜蓿（*Medicago sativa*），又名苜蓿，豆科蝶形花亚科苜蓿属多年生宿根草本植物。根系发达，主根粗壮，长达 2～5m，深入土层。株高 50～100 cm，茎直立、光滑，多分枝，多则 25～30 枝。三出复叶，小叶呈倒卵形或长椭圆形，上部尖端有锯齿，叶柄长，平滑，托叶大而尖。花梗直挺，短柄，总状花序，簇生于叶腋，小花 20～30 朵，蝶形花冠，紫色或深紫色。荚果螺旋形，具短毛，黑褐色，成熟不开裂，内含种子 1～8 粒，种子呈肾形，淡黄色或黄褐色，较小，千粒重 2 g 左右。花期 5—6 月，种子成熟期 7—8 月。

（二）生物特征

紫花苜蓿喜温暖半干燥气候，抗逆性强，耐旱、耐寒，在降雨稀少的干旱、半干旱区可以正常生长，灌溉条件下生长极好。最适生长温度为 20～25 ℃，但在 5～6 ℃条件下亦可发芽，能耐受冬天 –40 ℃低温越冬，开春返青早，3 月初便可返青。紫花苜蓿自然分布较广，常见于田边、路旁、旷野、草原、沟边、坡地等地，我国大部分地区均有栽培。其主根深长、侧根水平延伸幅度较宽，适应能力较强，对土壤质地要求不严，耐贫瘠，在沙砾土、黏土、盐碱土中均可生长，但长势一般，在地势平坦、土层深厚、土质疏松、排灌方便的沙土、壤土或沙壤土中长势良好。

二、栽培管理

（一）选地整地

紫花苜蓿适应范围广，大面积人工栽培，宜选择地势平坦、土层深厚、排灌方便的中性或微碱性沙土、沙壤土或壤土种植，可优先考虑撂荒地、轻度盐碱地。紫花苜蓿耐旱不耐涝，忌重茬，低洼易涝、过酸或过碱的土壤不宜种植，土壤适宜 pH 6.5～8.0，前茬作物最好选择禾本科或豆科等浅根系作物。紫花苜蓿种子质轻，发芽破土能力较弱，而且出苗后幼苗生长发育缓慢，故需精细整地。前茬作物收获后，深旋耕 40 cm，清除田间大块石子和草根，充分晾晒土壤，有灌溉条件的可在入冬前进行漫灌。来年春季或初夏，再次进行翻耕，用滚轮来回多次镇压，使土壤细绵、无坷垃。深翻地的同时根据土壤肥力高低，适当施加底肥，底肥以农家肥为主，肥力低下的地块可在来年春季播种前翻耕时施加复合肥，提高土壤肥力。

（二）品种选择

我国紫花苜蓿种植地区多，栽培面积广，相应品种也较多，人工栽培时需因地制宜。荒漠、半荒漠地区应选择耐干旱且耐贫瘠的品种，如西北紫花苜蓿、中苜系列及甘农系列苜蓿；部分盐碱区域，可选择耐盐品种种植，如耐盐之星、巨能耐盐等。

紫花苜蓿品种选择除需结合生态环境外，还要注意不同品种的秋眠差异，其秋眠级别与抗寒性能、返青时间及产草量紧密相关。秋眠等级较低品种返青晚，可以躲避倒春寒，但再生繁殖能力弱，刈割后生长缓慢，地上部生物量较低。秋眠等级较高的品种虽然再生能力强，产草量高，但是耐寒能力弱，在西北低温地区不易越冬，适宜南方种植。紫花苜蓿秋眠等级共有 11 级，北方干旱荒漠区适宜种植 2～3 级秋眠品种，抗寒和抗病性能强，虽生长缓慢，但可利用年限长，适宜青饲、调制干草、制作粉状饲料，也耐践踏，适于直接放牧。

（三）种子处理

紫花苜蓿种子质轻，种皮坚硬，硬实率高于其他牧草。播种前需进行破皮处理，以提高种子发芽出苗率。处理方法有以下几种：

（1）将种子与小沙砾混合，装入布袋中反复揉搓至部分种皮破裂。

（2）将种子放入磨米机中碾磨至破皮。

（3）将种子浸泡在冷水中 12 h，放置 15 ℃条件下催芽 2 d。

为预防土壤病虫害，破皮处理后的种子用根瘤菌剂进行拌种。

（四）播种

1. 播种时间

紫花苜蓿可以春播，也可以夏播。春播于 4 月中下旬至 5 月上旬进行；夏播于 6—7 月进行，7 月后播种的幼苗当年不能进行刈割。旱地、山地一般选择春播，盐碱地最好选择夏播，夏季降雨较多，可将盐碱地中的盐分淋洗至土壤深层。

2. 播种方式

紫花苜蓿可条播，也可撒播。条播适用于强盐碱地或沙地，要求土地平整绵软，行距由播种机而定，正常保持行距在 25～30 cm 之间，播深 5 cm。撒播适用于黄土高坡丘陵地区旱地及草麦套种地，土地整平耙细后将种子均匀撒施在地表，用耙子轻轻推动覆土或用滚轮来回滚动覆土。

3. 播种量

用于牧草收割的地块，适当增加播种密度，亩播种量控制在 2.0～2.5 kg；用于种子收获的地块，为提高种子产量和质量，播种量需要减少，亩播种量在 1.0～1.5 kg 之间为宜。撒播地块，亩播种量应略高于条播地块，同时土质松软、肥力中上、水分条件好的地块可稍微加大种植密度，土地瘠薄、肥力中下、排灌不便的地块可适当降低播种密度。

（五）田间管理

1. 中耕除草

紫花苜蓿苗期生长缓慢，生长势弱，需及时除草，避免杂草徒长胁迫幼苗生长。苗期除草，铲趟结合，以达到疏松土壤、保墒的作用，促进幼苗生长。待苜蓿幼苗长至 15～20 cm 后，可不再进行中耕除草。种植第 2 年开始，每年第 1 茬苜蓿收割后，结合灌水进行 1 次中耕除草，以防土壤板结，影响新叶萌生。此外，杂草大量生长会争夺水分及养分，为确保苜蓿的正常生长发育，小面积的杂草，可人工除草；大面积杂草，可选择低毒无残留的除草剂防除，提高除草效率，刈割前 20 d 不可喷施除草剂。

2. 追肥

紫花苜蓿幼苗期，根系羸弱不发达，不能形成根瘤吸附土壤根瘤菌，此阶段可结合中耕除草追肥 1 次，亩追施尿素 10 kg，以促进幼苗主根伸长，毛根系增多。生长发育后期一般无须追肥，可根据实际地力情况在每年紫花苜蓿返青期或收割后 3 d，进行追肥，亩追施磷酸二铵或复合肥 50～75 kg，供新生苜蓿生长发育，提高牧草产量及品质。

3. 灌溉

紫花苜蓿抗旱能力较强，但生长过程中，水分需求量较大，有条件的地块需要及时进行灌溉，特别是现蕾未开花前，是水分需求关键期，视土壤实际墒情灌溉。若表层土壤湿润，可不灌溉；若表层土壤干旱，降雨较少，则需要每亩灌溉 50 m³。通常情况下，种植第 1 年需灌溉 2～3 次，第 1 次是播后出苗水；种子收获田第 2 次在现蕾期灌溉，牧草收割田此阶段无须灌溉，第 2 次灌溉在刈割后进行即可；第 3 次灌溉在入冬前进行，可大水漫灌。

种植第 2 年开始，一般在春季返青期、每次刈割后和冬季土壤封冻前各灌溉 1 次即可，确保紫花苜蓿顺利越冬，促进返青加快。刈割后不可立即灌溉，待 3～5 d 茬口愈合后再进行灌溉。紫花苜蓿不耐涝，需控制灌水量，以每亩 50 m³ 为宜，每次灌溉后或雨季有连续大暴雨时，需要注意及时田间排水，避免根部腐烂。

（五）病虫害防治

紫花苜蓿一般很少发病，一旦发生病虫害，将严重影响产量和品质，严重者可导致绝产。虽不易发病，但需重视，从土壤整理、品种选择、种子处理、田间管理等农业措施进行源头预防。病虫害发生时，及时采取物理措施或化学药剂防治，化学药剂尽量选择低毒、高效、降解快、无残留的生物源或植物源农药，避免造成环境污染及农药残留。

紫花苜蓿病害有白粉病、霜霉病、褐斑病、锈病等，多为病原菌病害，为害部位为根部和叶片，在高温高湿气候环境下易发，发生严重时，喷施 30% 甲霜·噁霉灵可湿性粉剂 1 500 倍液、15% 三唑酮可湿性粉剂 1 000 倍液、42.4% 唑醚·氟酰胺悬浮剂 1 000～1 500 等药剂防治，喷施 1～2 次，每次间隔 7～10 d。

紫花苜蓿虫害有蚜虫、潜叶蝇、盲椿象、蓟马等，进入 5 月份或幼虫期可在田间悬挂黄板、喷施醋液进行物理防治；成虫羽化期，喷施 5% 吡虫啉乳油 2 000～3 000 倍液、50% 乐果乳油 1 200 倍液、5% 甲维·氟铃脲乳油 1 000～2 000 倍液防治，喷施 1～2 次，每次间隔 10～15 d。

（六）加工收割

1. 牧草刈割

大面积种植紫花苜蓿采用割草机收割。通常现蕾初花期（10%～30% 植物开花时）为最佳时期收割，此生育阶段紫花苜蓿牧草营养成分高，适口性好，且产草量高。春季和夏季播种的苜蓿当年刈割 1 茬，秋季播种当年不刈割。从第 2 年开始，每年可收割 2～3 茬，分别在 6 月、7 月、8 月进行，前 2 次刈割留茬高度 3～5 cm；最后 1 次刈割留茬高度 12～15 cm，且需在霜降前进行。

每次刈割选择晴朗天气，收割的牧草就地晾晒至柔干（茎秆水分含量 35%～40%）后，利用机械或人工集成打成草捆，转运至贮草场堆垛晾晒。堆垛时底部铺 1 层塑料或垫几块木板、木棒防潮，草垛顶部用塑料布或防雨布覆盖，避免雨水进入发霉腐烂。

2. 种子收获

紫花苜蓿种子成熟一般在 9 月中下旬，待果荚变为褐色时可进行采收，采收时将地上部分全部割下，留茬 10～15 cm，运回晾晒场待茎叶全部晒干后，用棒子敲打使种子脱落，风选除质，装袋储藏阴凉干燥处。每亩可收获紫花苜蓿种子 40～50 kg。收种子植株不进行最后 1 茬刈割。

三、应用价值

（一）饲用价值

紫花苜蓿分蘖能力强，地上部生物量大，是畜牧业牧草之王，适口性良好，富含粗蛋白质、粗纤维、粗脂肪及多种维生素、氨基酸、矿质元素，营养物质全面，是牲畜饲喂的优质牧草，有着不可替代的作用。据相关研究资料显示，现蕾期至开花初期的紫花苜蓿，营养物质最为丰富，粗蛋白质含量 16%～21%，粗纤维含量 25%～31%，粗脂肪和灰分含量均在 10% 左右。紫花苜蓿产草量高，一般亩产鲜草 1500～2500 kg，干草 375～625 kg，其中 1 kg 优质干草粉能够替代 0.8 kg 精饲料，作为豆科牧草其粗蛋白含量高于其他牧草。

紫花苜蓿加工方式多样，可以直接青饲，也可青贮或晒制干草。直接青饲时，需控制饲喂量，或与禾本科牧草搭配饲喂，因为紫花苜蓿鲜草中皂角素含量高，水分含量也高，食用过多易导致肠胃膨胀。人工栽培鲜草产量高，最好晒制成青干草，有利于贮藏；有条件的可以调制成青贮料，青贮料原料水分需控制在 70% 左右。故调制青贮料的紫花苜蓿鲜草水分晒制六七成干后再加工调制，不仅适口性好，而且营养成分不易散失，贮存时间长，可在冬春季节，作为青绿饲草的补充。也可以晒干磨成草粉，经过加工调制成全价配合料及颗粒料，能具备更高的适口性，同时也能够避免畜禽过量采食紫花苜蓿引发膨胀病。

（二）生态价值

紫花苜蓿不仅地上部枝叶繁茂，地下根系也极为发达，具有很好的水土固持和阻挡风沙的作用，是荒漠地区生态环境改善和荒漠化防治的优质经济植物。其根部共生根瘤菌具有很好的改土培肥作用，据相关研究显示，3 年生紫花苜蓿每亩可固定氮素可达 20 kg，相当于 40 kg 尿素氮含量，同时刈割所留根茬干枯腐解后也可以提高土壤有机质及氮素含量，种植 6 年的紫花苜蓿地块土壤有机质含相比于播种前能增加 1～2 倍。目前，我国大多数农田耕作区，将紫花苜蓿作为轮作倒茬的重要作物之一，不仅是良好的绿肥植物，亦是土壤水肥固持及生态维护的优质植物。

（三）食用价值

紫花苜蓿芽菜和早春返青后幼嫩苜蓿枝芽，能够供人们食用，可凉拌、配饭、蒸馍，清爽可口，属于春季蔬菜，日常食用可消除内火，是一种高蛋白、高纤维绿色健康食品，深受人们喜爱。

（四）药用价值

紫花苜蓿，味苦、涩、微甘，归脾、胃、肾经，鲜嫩茎叶中富含纤维素、植物皂素及大量 Fe 元素和维生素 K，其中纤维素可刺激肠胃，促进蠕动，具有润肠通便质功效；植物皂素成分，可以作为油脂乳化剂，吸收肠道内胆固醇，并形成一种不溶于水的物质，使身体无法吸收，间接降低人体内胆固醇含量；大量的 Fe 元素和维生素 K，具有改善贫血的功效。

第二节　柠条栽培技术与应用价值

一、植物特征

（一）形态特征

柠条（*Caragana korshinskii*），别名白柠条，柠条锦鸡儿，老虎刺，为豆科蝶形花亚科锦鸡儿属多年生落叶大灌木，根系发达，主根入土较深，侧根向四周延伸，错综庞大。株高可达 2.0 m 左右。茎枝多分枝，每丛具 35～50 条分枝，老枝呈黄灰色或灰绿色，托叶上具硬质长针刺，宿存，脱落；幼枝呈灰白色或黄绿色，被丝质柔毛。羽状复叶，表面密被白色短柔毛，有 3～8 对小叶，为椭圆形或倒卵状形，具短刺尖，基部为楔形；叶轴长 5 cm，密被白色长柔毛。单生花，呈黄色，花冠蝶状，萼筒管状钟形，花梗长 10～16 mm，密被绢状柔毛，子房无毛。果实为扁荚果，无毛，种子暗褐色或黑褐色或棕黄色，呈卵形和肾形。花期 5 月，果期 7 月。

（二）生物特征

柠条喜光、耐严寒、抗干旱、耐贫瘠、耐酷暑，在沙漠 50 ℃左右干旱酷热的气候及冬季 -30 ℃低温环境下可正常生长，适应性和抗逆性极强，自然分布于西北高原荒漠地带固定或半固定沙丘或干旱半干旱黄土丘陵地带。柠条本身枝条茂密，地上部生物量很大，同时发达的根系萌蘖能力也很强，饲草刈割平茬后根部不久就可以萌发出大量的丛生新枝，一株可丛生新枝 50 多条，整个植株再生和速生能力很强，具有很好的水土保持功能和防风固沙作用。柠条广泛的适应性和极高成活率，加上耐风蚀、耐沙埋的特性，使其成为生态环境恶劣、土壤贫瘠的荒漠半荒漠地区绿化造林、防风固沙、涵养水土的首选先锋建群树种之一，亦是荒漠地区畜牧业发展的优良饲草植物之一，枝叶体量大，营养丰富，羊和骆驼喜食。

二、栽培管理

（一）选地整地

柠条可适应多数土壤类型，人工栽植造林时选择荒滩、沙丘、戈壁等贫瘠、干旱的荒漠区域。柠条造林通常选择大田育苗再造林，育苗地宜选择土层深厚、交通便利、地势平坦、不易积水的疏松透气沙土地或沙质壤土地。育苗前清理地块杂物，深翻 30 cm，旋平耙细，做苗床。苗床高 20 cm 左右，宽 100 cm 左右，长度根据育苗地实际条件而定。苗床间距 30～40 cm，用作人工作业步行道。

（二）育苗

1. 种子处理

首先选择纯净度大于 90%、成熟度好的种子，除去残缺、破损的种子及杂质，放入盆中，加清水浸种 12 h，然后将水倾出滤下种子，用多层湿纱布覆盖催芽。

催芽的过程：每天将种子在清水中浸漂 3～5 min，再沥干，继续覆盖纱布。催芽温度控制在 20～25 ℃。这样重复操作，约 7 d 柠条种子可露白发芽，可播种。

柠条大面积栽培种植，播种前对需种子进行菌剂拌种或药剂消毒处理，预防土壤病虫害。

拌种处理：用 62.5 g/L 精甲·咯菌腈种衣悬浮剂按照 1∶300 或 70%噻虫嗪种子处理可分散粉剂按照 1∶400 进行拌种。

熏蒸处理：用 25 g/m³ 溴甲烷熏蒸 30 d，熏蒸时一定要将熏蒸房间的门窗紧闭，熏蒸结束后将种子放置通风干燥处。

消毒处理：用 0.1% $KMnO_4$ 溶液浸种 30 min，用清水清洗 3～5 遍后浸种催芽。

2. 播种

柠条育苗通常在春末初夏 5—6 月进行，此时土壤温度升高，降雨增多，土壤墒情较好，可在雨后及时抢墒播种，种子发芽率高，有利于出苗。育苗播种采用条播方式进行，在苗床上顺苗床长边开播种沟，沟深 4.0 cm、宽 8.0 cm，沟间距 20 cm，再将种子均匀撒播于沟内，播深 1.0 cm，亩用种量 1.5～2.0 kg。

（三）苗圃管理

1. 中耕除草

经过杀菌消毒催芽处理的柠条种子，播种后 10 d 左右可破土出苗。出苗后，在幼苗长出 2~3 片真叶（苗高 3~5 cm）时进行 1 次松土除草，避免杂草丛生胁迫柠条幼苗生长。在幼苗长出 6~7 片真叶（幼苗高 15 cm 左右）时，再进行 1 次除草。每次除草时，要将苗床表面的杂草清除干净，中耕松土至少要达到 3 cm 深，松土时避免伤及幼苗。将幼苗根茎周围的杂草轻轻拔出，根系稍大的杂草在拔除过程中最好用另一只手压住幼苗根基的土壤，谨防连带幼苗一起拔出。保证土壤疏松透气，便于幼根吸纳水分。后期可根据田间实际情况除草 1~2 次。

2. 追肥

在苗高 15~20 cm 时，根据幼苗生长情况以及土壤肥力状况选择性追肥。追肥结合中耕除草进行，中等偏下肥力地块亩施磷酸二铵、复合肥各 10 kg，有大型喷雾机械的可喷施水溶性尿素或叶面肥等。追肥需在 8 月上旬前进行，后期不可再追肥，避免茎叶徒长，木质化程度降低，影响越冬。

3. 灌溉

柠条极耐干旱，生长发育过程中需水量较少。一般出苗后不再进行灌溉。若苗圃土壤水分不足，有灌溉条件的，可在播种后灌 1 次出苗水，出苗水要浇足、浇透；追肥后施肥后可进行 1 次小水漫灌。不可大水漫灌，避免冲刷损坏苗木，每次灌溉地面水不可超过幼苗顶端。灌溉同追肥一致，8 月上旬前停止灌溉。

（四）造林

1. 造林地整理

柠条植苗造林地，可选择沙地、陡峭山地，整地时清除大块石头，整平地面，挖穴坑播种。地形不同，整地方式不同，坡度 >15° 的地块和陡峭山地挖鱼鳞穴坑，穴坑长 1.0 m、宽 0.6 m、深 0.6 m；坡度 <15° 的地块和沙地挖圆穴坑，穴口直径 0.6 m、穴深 0.6 m。鱼鳞穴和园穴的穴坑中心间距 1.0 m。

2. 造林时间

柠条植苗造林时间根据灌溉条件的不同而不同，具备灌溉条件的地块，于 4 月中上旬起苗移栽，无灌溉设施的旱地在 5—6 月进入雨季后，趁土壤墒情较好时或降雨后抢墒移栽。若此阶段土壤墒情不佳，可适当推迟移栽时间，但不能晚于 7 月，否则待移栽幼苗缓苗扎根正常生长后，留给幼苗木质化的时间过短，枝条细嫩，抗寒性能弱，不易越冬，影响造林成活率。缺苗、死苗的地块可在秋季或春季进行补苗。

3. 栽植方法

柠条植苗造林时，先在鱼鳞穴或园穴坑底部刨一个小穴，深 5 cm，再把栽苗根系舒展，垂直放进去，一边扶住幼苗茎中端，一边进行覆土。覆土时分层填土，逐层将土踩实，避免土壤松散，水分蒸发过快耗墒。回填土不可填满穴坑，以踩实后刚好在幼苗茎基处为宜。其中：鱼鳞穴回填土时，要求（里）上低（外）下高，穴坑外沿下部培土，筑 15 cm 左右的高埂，方便蓄水；园穴回填土位置与鱼鳞穴一直，但穴坑上部需预留 20 cm 的蓄水坑，预留空间不足的需培土筑埂。植苗时每个穴坑栽植 1~2 株幼苗，健壮的大苗，每穴 1 株，茎枝较弱的每穴 2 株。为延长造林时间，提高造林成活率，可在育苗时选择用育苗器进行育苗栽植，不仅可以保护幼苗根系，还可以减免缓苗期，随时移栽。

（五）抚育管理

1. 幼林抚育

柠条栽植 3 年内生长较慢，植株矮小，枝条柔弱，统称为幼林期。柠条幼林主要进行苗木管护、林地杂草清除、穴坑培土等抚育管理。这 3 年每年需除草 1 次，将穴坑内及林地的杂草清除干净，除草避免伤及苗木。幼林抚育管理期间，禁止放牧及牧草采割，保证幼苗苗壮成长。

2. 成林抚育

柠条栽植第 4 年开始，柠条进入成林期。成林柠条主要进行平茬管理。第 4 年开始，柠条生长发育加快，枝条萌芽更新能力增强，需及时进行平茬，促进新生枝条萌发。由于柠条具有较强的再生性和速生性，平茬后柠条生长更为茂盛。若不进行平茬，生长后期老枝衰老干枯，新枝萌发更新复壮减弱，整丛柠条会生长缓慢，甚至枯死，利用年限和整体利用价值会降低。柠条平茬最佳时间为秋末、初冬时节，一般在种子采收后进行平茬。第 1 次平茬为栽植后第 4 年，以后每隔 3 年进行平茬 1 次，通过平茬不断促进植株复壮，进一步延长柠条生长利用年限，提高利用价值。

（六）病虫害防治

为促进柠条生长，增加饲草收割量，人工培育柠条育苗及造林地带要注意病虫害发生，及时进行防治。每年在土壤封冻前或平茬的同时，通过深翻耕土壤，清除林地枯枝落叶，杀灭藏匿在地下的虫卵或虫蛹。

柠条虫害主要有柠条豆象和春尺蠖，豆象主要为害柠条种子，春尺蠖主要为害幼芽或叶肉。播种前可通过种子处理预防，清除带虫种子并集中烧毁。在成虫羽化期发现及时喷施 8 000 IU/mg 苏金云杆菌可湿性粉剂 200～300 倍液喷雾防治；进入卵孵化期后，亩用 150 亿个孢子/g 球孢白僵菌 500 g，拌细土 10 kg 均匀撒施于地面。柠条病害主要有枯叶病、叶锈病，多发生在育苗地或苗圃，且高温高湿季节发生率较高，苗圃地育苗前最好进行土壤消毒杀菌预防处理，严禁重茬育苗。病害发生初期，要及时清除病株除集中烧毁，并喷施 400 亿/g 枯草芽孢杆菌制剂 200～500 倍液或 0.3%四霉素水剂 500～600 倍液喷雾防治；发生严重时需连续喷施或交替喷施 2～3 次，每次间隔 10 d，可达到防治效果。

（七）采收

1. 种子采收

柠条种植第 4 年开始开花结籽，7～8 年进入种子繁殖旺盛期。柠条 6 月份开花，7 月份果荚由黄棕色逐渐转为红棕色，表示种子成熟可以采收。种子成熟后果荚会开裂，内含籽粒脱落，成熟的籽粒种皮呈米黄色。从种子成熟到果荚开裂 3～5 d，时间较短，故果荚采收要成熟一批采收一批，分期采收，采收后放置晾晒场晒干用棒捶打，风选除杂，处理干净后将种子装袋贮藏。

2. 茎叶采收

柠条栽植第 4 年生长加快，进行生殖生长。为促进其可持续健壮生长，在早冬（11 月中下旬）或早春（3 月上旬）进行平茬处理，将其枝叶从贴近地面的位置割下。用于饲料加工的柠条，可在 5—6 月进行平茬处理，将地上部茎叶在距地面 2～3 cm 处割下，用于饲草加工。

三、应用价值

（一）饲用价值

柠条枝叶富含粗蛋白、粗脂肪、粗纤维等营养物质，营养价值较高，是荒漠地区畜牧业发展的优质饲用植物。据相关研究测定，柠条枝叶粗蛋白质含量约 23%、粗脂肪含量约 4.9%、粗纤维含量约 27.8%、无氮浸出物 37.4%。荒漠牧区有谚语："冬芦草，夏白草，秋茬草，都比不上柠条救命草。"柠条一年四季均可被牲畜食用，4～5 月其嫩枝和嫩叶可被羊和骆驼牧食，6—7 月其花蕾和果荚可被羊驼牧食，8—9 月其细枝和树梢可被羊驼牧食。柠条再生能力强，被羊、驼啃食过的部分，半个月内会重新萌发新的枝叶。柠条生长旺盛期，枝条木质纤维程度增高，适口性变差，消化率降，饲用价值降低，为此人们通常将柠条地上部整体粉碎进行饲喂，或与其他营养物质进一步加工制成颗粒状、饼状或块状饲料，提升适口性，还可以替代部分豆类饲料或蛋白类饲料，提高其饲用价值和利用率，同时降低饲养成本。人工种植的柠条放牧林，可以错落种植些许高大乔本植物和部分多年生草本牧草，不仅可以优化放牧林立体结构，丰富牧草种类，而且在夏季炎热气候能遮阳庇荫，一定程度上缓解牲畜因天气炎热食欲不振及营养单一而导致的掉膘。

（二）生态价值

柠条根区庞大，生命力顽强，能够忍受酷暑炎热和寒冬低温气候，在中、轻度盐碱地中能正常生长，是我国沟壑纵横、土壤贫瘠的丘陵地区及降水较少、干旱缺水的荒漠及半荒漠地区水土保持和生态治理的优良树种之一，而且柠条枝叶繁茂，具有极强的固沙防风性能。此外，柠条根部可以吸附大量根瘤菌，同豆科植物一样具有固氮作用，可以较好地锁定空气中的游离氮，将其转化为植物可利用的有效态氮素，增加土壤肥力，同时幼年期的柠条也可作为绿肥，增加土壤碳源，提高土壤有益微生物。

（三）工业价值

多年生柠条地上生物量高，再生能力强。

此外，柠条树皮纤维长达 0.8 mm、宽达 18.6 μm，粗浆得率 51.2%，细浆得率 38.5%，漂率 4%～7%，白度为 60.25%～70.20%，具有麻制品的特性，是优质的工业制品原料。工业生产中，可用柠条纤维可代替麻织品制作牛皮纸、瓦楞纸、包装纸、卫生纸等日常生活用品。

柠条籽粒出油率约在 14%，工业生产中常用柠条籽油制作车用润滑油，也可替代大豆油制作醇酸树脂漆，替代亚麻油制作水溶性电泳漆，在涂料工业被作为一种新油源开发利用，柠条种子利用率和柠条综合利用价值得到了进一步提升。

（四）药用价值

柠条具有一定的药用价值，其种子、花蕾和根均可入药，性温，味甘，归肝、肾经，具有滋阴养血、通经镇静作用，可用于缓解高血压、头晕目眩等症。

第三节 木地肤栽培技术与应用价值

一、植物特征

（一）形态特征

木地肤（*Kochia prostrata*），别名红杆蒿、伏地肤，为藜科地肤属多年生小半灌木，属于典型荒漠植物。根系发达，主根粗壮且长，可入土深 2～5 m，侧根系密集，幅宽约 40 cm。株高 20～110 cm 不等，茎直立或半直立斜生，多分枝，附着白色茸毛，丛生，呈灰绿色或鲜绿色后，生育后期为橘黄色或红色。叶生于短枝，丛生或束生，无柄，先端锐尖，呈长条状或狭条状或线形。花单生或集生于叶腋或枝条顶端，1～3 朵，复穗状花序，无梗，不具苞，花被圆卵形或椭球形，密生柔毛，花期 8—9 月。果实为胞果背部具 5 个变革质薄翅，呈扁球形，果皮近膜质，呈灰褐色，种子横生，近球形或椭球形，呈黑褐色，果实成熟期 9—10 月。

（二）生物特征

木地肤主根粗壮、侧根系密集，可伸入地下浅水层，汲取水分及养分，极耐干旱和严寒，在降雨量 100 mm 左右的地区仍可生长，可耐 -35 ℃严寒。抗逆性强，适应范围广，自然分布于我国西北草原、荒漠草原和半荒漠及荒漠地带，耐贫瘠、耐盐碱，常生长于沙漠、沙质壤土、中轻度盐渍化土壤及多碎石沙砾的栗钙土和棕钙土中，生态可塑性强。适宜生长温度为 20～25 ℃，超耐酷热，在夏季沙漠地表温度 60 ℃左右时，茎叶仍未出现枯斑等灼伤症状。不耐水涝，适宜种植在平坦或地势较好不易积水的地块，积水淹没易导致其烂根。利用周期长，自然生长周期可达 20～30 年，为长寿命植物，但种子是短寿命。种子活力只能保存时间 4 个月左右，时间越长，发芽势越弱，第 2 年发芽率只有 30% 左右，第 3 年基本失去利用价值。此外，木地肤作为沙丘荒漠地带建群种，耐沙埋，再生性好，固沙能力强，枝条沙埋后可继续发出不定根，萌生新生枝条，枝上生枝。且其地上部生物量较大，叶片生物量是茎枝的 30%～40%，人工栽培条件下亩产干草量可达 2000 kg 左右，营养价值较高，是沙漠边缘地带牲畜喜食的牧草植物。

二、栽培管理

（一）品种选择

木地肤有 4 个变种，分别为棉毛木地肤、绿毛木地肤、灰毛木地肤及密毛木地肤，种类不同其生长环境亦不同。其中，棉毛木地肤多生于禾草草原，绿毛木地肤与耐盐碱禾本科草及蒿类植物生境相似，灰毛木地肤多生长于沙质土壤，密毛木地肤多生长于戈壁滩等沙砾土壤中。

目前，人们引种栽培木地肤以生态环境类型划分种类，具有开发价值的有科尔沁型木地肤、锡林郭勒型木地肤、乌拉特型木地肤等3种生态型木地肤，其中科尔沁型木地肤因其生态环境温润，地上枝叶生物量大，作为饲草产草量高，其次是乌拉特型木地肤，锡林郭勒型木地肤枝叶量最少。

（二）选地整地

木地肤抗旱耐寒，适应性强，对土壤要求不太严，人工栽培可选地势平缓、不易积水、土质疏松、土层深厚的地块，尤其是土壤容重小的沙土或沙质壤土。播种前深秋季节，将地块深翻30～40 cm，亩施农家肥2 000～3 000 kg，翻耕混匀土肥后，耙平镇压，晾晒地块。

（三）播种

1. 播种时间

木地肤抗逆性极强，但种子活力保存时间短，约为4个月，保存时间过长种子发芽率下降较快，最好是当年收获播种。发芽时需要适宜的土壤湿度和温度，出苗土壤湿度保持在20%左右，在春季和秋冬季均可播种，春季播种于3月中下旬，雨后及时播种；冬季播种于10月下旬至11月中上旬土壤未封冻前进行，来年雨后可出苗。

2. 播种方式

木地肤播种方式有种子旱地直播和育苗移栽2种。由于木地肤种子轻小，千粒重约1.8 g，破土能力较弱，播种时可与细湿沙掺混播种，掺沙量为种子量的2倍。

种子旱地直播采用开沟条播或撒播。条播沟行距45 cm左右，沟深3～5 cm，将种子均匀撒在沟内，覆土1 cm。撒播前将地块耙平耙细，再将种子均匀撒施在地表，耙齿朝上来回推动覆土。直播亩播种量1.5～2.0 kg。

育苗移栽，要求育苗地具有灌溉条件，在早春2月中上旬或秋末冬初11月中上旬，在整好的地块上，将种子与湿沙混合均匀撒施，微微灌溉，保证出苗整齐。育苗地亩播种量2.5～3.0 kg，确保产苗2×10^4～3×10^4株。

3. 定植移栽

待木地肤幼苗主根长20 cm左右时，可起苗移栽，移栽前将地上部枝条和较长的侧根剪去，地上部留5 cm高的枝茬。开沟移栽时，用犁开20 cm左右深的沟，将木地肤幼苗按同一方向整齐摆放在沟一侧，覆土压实。沟行距 45 cm，栽植株距 35 cm，亩保苗量 4500 株左右。

4. 混播

木地肤作为营养期长、抗逆性强、营养值高的优质半灌木饲用植物，栽培 1 次可利用十多年。由于其生长年限长，可与其他生活型的饲牧草混合播种，可提高其产量及适口性，增加经济利用价值，改良土壤性状。混播牧草以浅根系禾本科牧草为主。如：冰草、毛沙芦草等。木地肤为深根系植物，土壤表层根系分布较弱，在土壤结构固持方面，不如须根状的禾本科草丛，但木地肤根系中含有较多的钙质和固氮物质，二者混种可稳固土壤团粒结构，提高土壤肥力水分，进而增加牧草产量，满足不同季节牧草需求。

（四）田间管理

木地肤喜光耐晒，苗期生长缓慢，对其他杂草胁迫和遮阴较为敏感，故苗期需要勤于中耕除草，耙平耱细土壤，特别是除去高大、易遮阴的杂草。苗期或移栽时土壤湿度较低的地块，需要适当灌溉出苗水和坐苗水 2～3 次，维持土壤水分在 15%～20%，确保出苗率和移栽成活率，后期可不灌溉。木地肤育苗地，入冬前需灌足冬水，每亩随水适当追施磷酸二铵 5～10 kg。5 月份木地肤进入快速生长期，营养生长和生殖生长速度加快，育苗移栽地当年能够开花结籽。育苗移栽的木地肤，移栽当年株高可达 1 m 左右，亩产干草约 1 000 kg；第 2 年株高可达 1.5 m，亩产干草约 1500 kg。木地肤适宜粗放管理，但种植后前 3 年禁止放牧，避免牲畜过度啃食、踩踏，破坏木地肤根系，影响后期生长，降低产草量。

（五）收获

1. 牧草收获

木地肤再生性能强，可多次利用，最佳刈割利用期为现蕾开花前期，5 月中下旬至 6 月上旬，此阶段木地肤草质鲜嫩，营养丰富，且枝叶生物量高。待到 8 月中上旬，再生草枝干可达到 30 cm 左右，不收获种子的草场可再收割第 2 茬，在 10 月可收割第 3 茬。若在秋季刈割，虽然叶量增加，产草量提升，但是部分枝条木质化程度过高，草质较硬，适口性降低，且经济性不高。刈割时用镰刀或割草机割取全部地上部分扎捆，根部留 3～5cm 高的茬。

2. 种子收获

西北荒漠地区木地肤种子在 9 月中下旬逐渐成熟，种子成熟时花序干枯为灰棕色，种子颜色呈咖啡色或深褐色。木地肤种子成熟后极易脱落，故当20%的花序变为灰棕色时即可采收。采收时用镰刀或收割机将地上部割下，扎成20～30 cm粗的捆，竖立堆放成小堆，晒至完全干燥后脱粒收籽。刚脱粒的种子湿度较高，需要在晾晒场充分干燥，再除去秸秆等杂质，装袋放置阴凉处干燥贮藏。

三、应用价值

（一）饲用价值

木地肤耐旱强、地上生物量大、营养丰富，是荒漠半荒漠区一种优质半灌木旱生牧草，营养成分高于一般多年生禾本科牧草，略低于豆科牧草，现蕾开花前刈割，适口性和营养价值总体较佳，大中型家畜食均喜食。特别是骆驼最喜欢采食木地肤的细枝、嫩叶和花序，绵羊最喜欢采食其幼嫩枝叶，是夏季抓膘的优质饲草。

据测定，木地肤茎叶粗蛋白含量可达10%～18%，粗纤维含量达20%～27%，粗脂肪含量达1.3%～1.6%，无氮浸出物含量达40%～50%，磷、钙含量达2.0%～4.0%。栽培3年可亩产鲜草310～470 kg，干草160～280 kg。叶量丰富，可占总质量的50%～60%。同时，消化系数也很高，达62.5%。每100 kg干牧草中含消化蛋白5.6 kg，氨基酸总含量可达1.3～1.8 kg。

（二）药用价值

木地肤以其种子入药，性寒，味苦，具有清湿热、利尿等功效，常用于治疗尿急、尿痛、小便不利及荨麻疹、湿疹等疾病。同时其种子富含油脂，含油量达16%左右。油脂中亚油酸含量占近50%，油酸含量占近40%，可以降低人体内胆固醇和甘油三酯，对心血管疾病也有一定疗效。

（三）生态价值

木地肤抗逆性强，种子质轻，当年收种子萌发性能好，常被用种子飞播来规模化种植或天然草场改良、荒山荒坡绿化等，具有很好的生态恢复和环境改善功能。

第四节　沙打旺栽培技术与应用价值

一、植物特征

（一）形态特征

沙打旺（*Astragalus adsurgens*），又名地丁，直立黄芪，是豆科黄芪属多年生草本植物。主根粗大，侧根繁多，根部附着大量根瘤，根幅可达 1.0～1.5 m。株高 1.5 m 左右，茎中空，直立或斜生，丛生，多分枝，每丛有分枝 15～25 个。奇数羽状复叶，托叶膜质，呈钝三角形，长 1.5 cm 左右，具小叶，对生，呈长卵圆形，全缘，叶端钝圆，表面被浓密白毛。总状花序，生于叶腋，短穗状，生长密集，每穗小花 50～80 个，花为蝶形，呈紫红色或蓝紫色。荚果三棱形、分两室，内具种子十余粒，呈褐色。

（二）生物特征

沙打旺为旱生长日照植物，喜光耐旱，在气温 20～25 ℃、降水量 200～400 mm 的荒漠地区生长良好，适应性较强，耐寒耐贫瘠，能安全越过 −30 ℃的寒冬，自然分布海拔 3 000 m 以上的地区，现在河南、河北、山东、陕西、山西、东北及西北各地均有栽培，对土壤要求不严，适宜在沙土或沙壤土中生长，常见于盐碱地、荒滩、沙漠等一般杂草和牧草不能生长地方，一般生长在地势较高或不易积水的平坦地块，水涝容易导致其根部腐烂。沙打旺植株繁茂，生长势强，抗风蚀、耐沙埋，被流沙掩埋后，仍能萌生新枝正常生长，具有极强的阻风固沙和水土固持性能。在荒漠地区种植第 1 年可成苗，但幼苗生长较为缓慢；第 2 年开始迅速生长，并超过杂草；第 3 年为生长高峰期；第 4 年开始植物生长速度减慢；第 5 年植株逐渐开始干枯，衰退加剧。属于中等寿命植物，种植 1 次可利用 4～5 年。

二、栽培管理

（一）选地整地

沙打旺适应性强，对种植地的要求不高，人工栽培需要获得较高的产量，应选择肥力中等，土层深厚、地势较为平坦、交通便利且不易积水的中性或微碱性沙地或者半沙壤土种植。种前将种植地深翻耙细，精细整理。沙打旺耐贫瘠，一般可不施肥，但是作为豆科牧草收割，可根据实际地力情况结合整地施肥。施肥主要以基肥为主，中等偏下肥力地块亩施充分腐熟的农家肥 2 000～3 000 kg、磷酸二铵 15 kg。

（二）播种

1. 种子处理

沙打旺种子较小，千粒重约 1.5 g，硬实率低，播前可不进行种子处理，挑选籽粒饱满的种子，剔除碎石、果壳、杂质等杂物及其他杂草种子，特别是要剔除干净菟丝子种子，使种子纯净度达到 99.9%，保证种子出苗率。

2. 播种时间

北方荒漠地区沙打旺在春、夏、秋、冬均可播种，春季播种于 3 月下旬至 4 月中上旬进行；春旱严重地区，可进行夏播，5—6 月雨水增多，土壤温度升高，雨后抢墒播种，不仅出苗快而且出苗率高；秋季播种于 8 月下旬至 10 月进行，此阶段降雨较为频繁，温度适宜种子萌发，播种后种子出苗快，成苗率高；冬季播种于初冬 11 月上旬土壤未封冻前，结合整地寄籽播种，待来年春季气温回暖后发芽出苗。

3. 播种方式

沙打旺种植通常为大田种子直播，播种方式有撒播、条播和穴播 3 种。撒播一般适用于沙地或荒山草坡、荒滩、林间地；条播适用于平地或壤土地；穴播适用于陡峭的坡地或丘陵山地。日常大田生产实践中，开沟条播和穴播较为常用。

撒播：将种子均匀撒施在地表后，用滚轮来回覆土耙平。

条播：沟间距 30 cm，播种深度 3 cm，覆土 1～2 cm。

穴播：株行距 30 cm×40 cm，播种深度 3 cm，每穴播种 3～5 粒。

撒播亩播种量 0.25 kg，条播亩播种量 0.2 kg，穴播亩播种量 0.1 kg，亩保苗量 3 000～4 000 株。播种时可按照种子与细沙 1∶5 的比例将种子与细沙混匀播种，均采用浅播，播太深不利种子破土。

沙打旺可单播、混播或套种、间作。在荒山荒坡地绿化、退耕还林地及贫瘠的丘陵山地一般进行单播。人工栽培的牧草地，为提高牧草产量及品质，可以与燕麦、无芒雀麦、冰草、羊茅草等牧草种子混播；也可与粮油作物套作，在沙打旺播种 1 年，混入油菜、谷子、草木樨、向日葵等一年生短期粮油作物或牧草作物进行套种；也可与小麦、燕麦等禾本科粮食作物等高带状间作，其根部根瘤可为间作作物提供丰富的氮源。

（三）田间管理

1. 中耕除草

沙打旺种植 1 年幼苗生长缓慢，容易发生草荒对幼苗造成胁迫。沙打旺苗齐后，及时松土除草。长出 2~3 片真叶时进行第 1 次除草，浅锄 2~3 cm，以促进幼苗的生长，注意不要伤到幼苗，苗周围应用手拔掉，做到应除尽除。第 2 次除草应在封垄前进行，以干净彻底为标准。种植第 2 年开始，结合刈割进行中耕除草，此时可深锄 5~8 cm，切断部分侧根毛根系，有利于根系萌发新根，促进沙打旺生长。利用时间较长的草地改良或草原退化补播沙打旺草种时，补播前需刈割部分原有大型杂草植被，弱化幼苗期物种间的竞争。

2. 追肥

沙打旺适应性强，中等地力及中等偏低地力土壤一般不需要追肥，如果地力太低，为增加牧草产量，提高收益，在生长期发育期应需要根据情况酌情追肥。通常在早春返青时或每次刈割后每亩追施磷酸二铵 10 kg，促进沙打旺萌新生长。

3. 灌溉排水

沙打旺抗旱不耐涝，有灌溉条件的地块，可在播种后微灌 1 次出苗水，出苗后一般不再灌溉。若生长旺盛季节，气候干旱、降雨稀少，可在每次刈割后灌溉 1 次，以提高产量。雨季低洼地应注意做好草地排水工作，若土壤积水过久会造成沙打旺根部腐烂，进而导致植株死亡。

4. 刈割

沙打旺作为营养丰富的豆科牧草，应在现蕾开花前进行刈割。开花后茎枝木质化加快，粗纤维含量增加，适口性变差，消化率降低，牲畜不喜食，故沙打旺刈割宜早不宜迟，最好在现蕾初期进行，不能晚于现蕾期。沙打旺一年通常刈割 2~3 茬，降雨较多的年份可刈割 4 茬。

（四）病虫害防治

沙打旺抗逆性和抗病虫害能力较强，不遇特殊气候如连续高温高湿，一般极少发病。发生病虫害有白粉病、根腐病、蚜虫等，可在播种前对土壤和种子进行封闭处理和拌种消毒处理。病虫害多发于夏季高温高湿季节，发病时可采用低毒低残留高降解的化学药剂进行喷雾防治。另外，除了病虫害对沙打旺的危害较为严重，菟丝子的寄生对其危害也较为严重。首先在种子处理中需将菟丝子种子清除干净，后期中耕除草要拔除其幼苗，特别是每年开春返青至第一次刈割期间要做好菟丝子的防治工作。

（五）收获

1. 牧草刈割

沙打旺种植当年，幼苗生长缓慢，根系细弱，茎枝赢弱，地上生物量较低，通常不进行刈割。种植第 2 年开始，沙打旺生长迅速，产草量和营养成分含量逐年增高，可开始刈割。每次刈割从近地面 10 cm 处割取，收割后应及时拉运至草料场堆垛，不能及时拉运回去的，可在草地就地晾晒 1 ~ 2 d，时间太久枝叶干枯，运输时叶片大量脱落，影响牧草产量和质量。

2. 种子收获

沙打旺种植当年只进行营养生长，第 2 年开始每年 7—8 月逐步开花结籽，花期较长，8 月下旬至 10 月种子逐渐成熟，当荚果呈褐色时表示种子成熟可收获。因开花时间不同，种子成熟时间也不一致，而且沙打旺种子成熟后不久荚果会自然开裂，籽粒脱落，故种子成熟后应及时采摘，成熟一批采收一批。

三、应用价值

沙打旺枝叶繁茂，生物量大，牧草产量高，营养丰富，用途广泛，不仅是优质的豆科牧草，亦是荒漠、半荒漠地区生态环境治理先锋植物之一。不仅可以绿化荒滩荒地，还可以改良草场、培肥土壤。

（一）饲用价值

沙打旺枝叶繁茂，地上部物量丰富，种植第 2 年可亩产鲜草 2 000 kg 左右、干草 350 ~ 500 kg；水肥条件好的地块每亩可产鲜草 3000 kg、干草 700 kg。而且沙打旺青贮牧草营养物质全面，富含粗蛋白质、粗脂肪、粗纤维、氨基酸及矿质元素等营养物质，其中现蕾期沙打旺鲜草粗蛋白含量约占 15%，粗纤维含量约占 30%，粗脂肪含量约占 2%，无氮浸出物含量约占 35%，8 种必需氨基酸的含量占总氨基酸含量 25% 左右，营养价值较高，加工的干草和鲜草适口性均很好，是各种牲畜喜食的优质蛋白饲料，其粗蛋白含量与紫花苜蓿粗蛋白含量差不多，比大豆秸秆和谷草中分别高 2 倍和 3 倍。

沙打旺除富含上述饲草营养物质外，还含有部分活性物质成分，如亚硝基、皂苷、生物碱、酚类、鞣酸等，这些成分本身含有毒素，且散发异味，大多数家畜刚开始不太喜食，饲喂效果不理想，习惯一段时间后逐渐慢慢喜食。为提高沙打旺饲喂效果，生产实践中通常采用一些调制措施，如直接青饲、青贮，或晒制干草、磨制草粉，还可以与其他饲料混合调制青贮料，降低沙打旺自身毒素物质含量，提高利用率。种植生产中可与其他牧草混播，不仅可以平衡不同物种生长，也可以提高家畜对牧草的利用率和采食量，优化饲草营养成分，提高其饲用价值。

沙打旺适口性虽不及紫花苜蓿，但其适应性强，在抗寒抗旱、耐贫瘠、耐沙埋等抗逆性方面优于紫花苜蓿。在荒滩、沙漠等紫花苜蓿产草量较低、生长不佳的贫瘠地块甚至不能生长的区域，沙打旺基本都能正常生长，且长势良好、枝叶繁茂，地上生物量高于一般牧草，是适宜干旱荒漠区生长的经济优质牧草之一。

（二）生态价值

沙打旺具有抗寒、抗旱、耐贫瘠、耐沙埋等在恶劣环境下生存的特性，主根和侧根均很发达，根区体积较大，可有效缓解雨水及洪流对地表的冲蚀；同时沙打旺株型高大，地上部枝叶繁茂，覆盖地表面积大，可阻挡风沙对地表的吹蚀，在水土保持和防风固沙方面功能强大。在干旱荒漠地区、黄土高原丘陵沟壑地带常被用来恢复植被、改良草地、绿化沙漠等生态治理，是我国防风固沙、水土固持、造林的先锋植物之一。

此外，沙打旺还具有培肥土壤的作用。其根部同其他豆科植物一样可以具有大量根瘤，能够吸附根瘤菌，固定空气中的游离态氮，增加土壤有效态氮素，供植物吸收利用。据测定，沙打旺生长第 2 年可固氮 225 kg/hm²，相当 489 kg 尿素含氮量。当年种植的沙打旺也可以用作绿肥，秋季前翻耕在土壤中，增加土壤养分，改善土壤结构，是一种优质的豆科绿肥植物。

（三）药用价值

沙打旺（直立黄芪），以干燥全草和种子供药用。其地上部茎叶富含生物碱类化合物及有机酸、氨基酸和蛋白质等物质，清热解毒功效极佳，临床中主要用于抗过敏、抗炎、抗氧化、抑菌、灭菌等，具有增强人体免疫力、保护神经系统、降血糖降血脂的作用；其种子具有益肾固精、补肝明目的功效，临床上药理活性广泛。

（四）经济价值

沙打旺茎秆鲜嫩，易腐烂，收籽后的秸秆是很好的沤肥原料，肥效良好。4~5 年生沙打旺，生长速度减弱，植株整体退化，饲用价值降低。此外，沙打旺花期较长，从 6 月下旬开始逐渐放花，直至 10 月份，边开花边结籽，大面积种地区域，可在此期间放养蜜蜂，是一种不错的蜜源植物。

第五节　四翅滨藜栽培技术与应用价值

一、植物特征

（一）形态特征

四翅滨藜（*Atriplex canescens*）为藜科滨藜属多年半常绿灌木，根系发达，主根长达6 m左右。株高1~2 m，无明显主茎，枝条密集，直立或匍匐，当年生嫩枝为绿色或绿红色，半木质化枝条为白色，完全木质化为老枝条后，白色膜质层剥落呈白色或灰白色，表皮具裂纹。叶互生，呈披针形或条形，先端渐尖，全缘，无柄，表面绿色，略具白色粉粒，背面灰绿色或绿红色，密着白色粉粒，叶常绿，冬季转为暗绿色。花单性或两性，穗状花序，雌雄同株或异株，自由授粉，雄花数个，簇生于枝端，花被5裂，雌花数个着生于叶腋，无花被，两性花，着生叶腋，无花被苞片二裂，花期6月，雄花先于雌花3~4 d开放。胞果呈椭圆形倒卵形，四翅，果翅膜质，种子卵形，宿存，7月中旬挂果，9月下旬至10月上旬种子成熟。

（二）生物特征

四翅滨藜为旱生或中生长日照植物，耐旱、耐寒，高度耐盐碱，被称为盐碱地的"生物脱盐器"。根系生长发育快，一年生幼苗主根可深入地下3~4 m，二年生植株主根可达6 m长，具有良好的水土固持作用。四翅滨藜适应能力极强，可适应绝大部分土壤质地和气候环境，在年降水量200~400 mm，平均气温5 ℃左右，−40 ℃低温的干旱、半干旱荒漠地区及重度、极重度盐碱地带均能正常生长。自然分布于美国、墨西哥、加拿大的干旱半干旱区。1976—1982年在我国西部牧场引种栽培，现广泛栽培于内蒙古及西北地区生态环境恶劣的干旱荒漠区和沙漠地带，主要用于道路两侧护坡绿化、荒山荒坡水土固持、草场植被改良、荒滩沙漠风沙阻挡。春季4月中旬开始返青，生长速度快，叶常绿，能快速郁闭成林，是沙漠化防治和退化草场恢复的优良树种。

二、栽培管理

（一）整地选地

四翅滨藜造林一般选择干旱、半干旱的荒山、荒坡及荒漠、半荒漠沙地，造林时在原有土地上挖穴栽植即可，不需要整地。

四翅滨藜幼苗对土壤质地和环境要求比较严格。一般选择在造林地附近的日光温室或塑料大棚中进行育苗，育苗地需精细整理，做苗床。非沙质土壤，需在苗床上铺厚度 6 ~ 8 cm 的细沙层，或采用育苗器育苗。育苗器中装 2/3 细沙，再搭建宽 1 m、高 0.8 m 的小拱棚，遮阴保湿。细沙在使用前先用 1.8% 阿维菌素乳油 1000 倍液进行防虫处理，再用 0.1% KMnO$_4$ 溶液和 50% 多菌灵可湿性粉剂 1000 倍液进行土壤消毒处理。育苗期间温棚或小拱棚内温度控制在 25 ~ 30 ℃之间；种子未萌发破土前，灌溉浇水使空气湿度保持在 95%以上；破土出苗后空气湿度控制在 75%左右。

（二）繁殖育苗

四翅滨藜育苗繁殖有种子直播和扦插育苗 2 种方法。由于四翅滨藜种子依赖进口，价格较高，且发芽率较低，繁殖成本高，实际生产中不常采用种子直接育苗，多采用嫩枝扦插繁殖育苗，繁殖成本低，技术简单易操作，可进行大量快速繁殖。

1. 插穗选择

四翅滨藜插穗可在生长多年且长势良好的植株上挑选当年新生枝条进行剪穗。插穗不宜太嫩，一般于 6 月上旬至 9 月中旬进行，选择长度 > 25 cm 的新生枝条制备穗材，此时当年生枝条处于木质化状态，抵抗能力较强，扦插成活率高。制备好的穗材放置于阴凉潮湿处喷水保湿，或用湿润的棉布或纱布包裹避免失水。

2. 插穗处理

制备好的穗材，截取中下部作为插穗，插穗长度控制在 6 ~ 8 cm 之间，每条插穗保留 4 ~ 5 个芽头、2 ~ 3 片叶子，保证插穗扦插后可以进行光合作用并促进下端生根。剪穗时上端切成平面，下端切成光滑斜面，放置清水中浸泡 20 min 后，将下端 2 ~ 3 cm 浸入用 50 mg/L 生根粉溶液，快速蘸穗 5 s 后取出扦插。蘸穗时控制插穗浸液深度，避免上部叶片蘸染生根粉溶液。

3. 扦插育苗

将处理好的插穗按照 5 cm × 10 cm 的扦插密度插入苗床，扦插深度以 2 ~ 3 cm 为宜。采用育苗器育苗的，每个育苗器扦插 1 ~ 2 条穗材。湿度以拱棚壁上有雾状水珠为佳，温度保持在 30 ℃左右。扦插作业最好在每天 5 时至 10 时或下午 16 时至 20 时进行。早晨进行扦插的地块在上午 11 时左右及时进行喷水，保持棚内湿度在 95%以上；若下午进行扦插作业，需在当天 14 时左右在棚内喷水，一则控制湿度，二则避免棚内温度过高。

（三）扦插苗管理

四翅滨藜扦插育苗，育苗棚内温度湿度及苗床湿度需要严格控制。插穗生根前，棚内湿度必须保保持在 95% 以上，苗床细沙含水量保持在 80% 左右；穗材生根后，棚内湿度控制在 75% 左右，苗床细沙含水量降低至 50%~60%，同时注意病虫害管理。

1. 喷雾

扦插后根据天气情况，每天要控制水分供给，可通过自动一体化灌溉设备进行控制温度和湿度。不具备灌溉设施的小拱棚，可通过人工灌溉或喷雾器喷雾控制温度、湿度。

2. 施肥

为促进四翅滨藜插穗快速生根，在扦插后 3~5 d 可喷施叶面蒸腾剂 1 次，降低叶片蒸腾强度。待大部分插穗生根后，为促进其新生须根快速发育，长出新生枝梢，可在叶面喷施 0.2% KH_2PO_4 和 0.1% 尿素混合液，连续喷 3~4 次，每次间隔 1 周。

3. 病虫害防治

四翅滨藜育苗拱棚在育苗前期高温高湿，容易滋生病虫害。穗材扦插至长出 2~3 条新生枝梢，此时段每隔 1 周，喷施 1 次 50% 多菌灵可湿性粉剂 1 000 倍液和 1.8% 阿维菌素乳油 1 000 倍液，喷洒土壤表面，防止土壤病虫害繁衍侵染和蛀食插穗。

4. 遮阴与锻苗

插穗生根前，在白天光照强度高的时段，需采用遮阴网进行避光降温。每天早晚起膜通风 2~4 次。插穗生根后，棚内温室湿度需适当降低，遮阴时间也随之渐渐缩短，仅在晴天 10 时至 16 时适当遮阴。插穗扦插后 20d，每天可升起棚膜一段时间，增加空气流动，利于扦插苗锻苗。待插穗根系发育健壮，主根长度达到 3~4 cm，根须颜色呈褐色或深褐色时，可移植造林。

（四）造林

1. 移栽植苗

待扦插苗根系发育完全，通风锻苗健壮后，便可起苗移植。四翅滨藜造林苗，株高达到 10~15 cm 时便可移植。起苗前，需充分灌溉 1 次，起苗时带细沙基质一起移植，保障基质湿润不松散，边起苗边造林。

2. 造林时间

四翅滨藜移植造林时间根据育苗方式不同有一定差异。苗床细沙基质直接培育扦插苗宜在春末（4月下旬至5月上旬）、秋后（8月下旬至10月）进行造林；用育苗器培育的扦插苗可在夏季（6—9月）或秋季（9—10月）造林。

3. 造林方式

四翅滨藜植苗造林，采用挖深坑浅埋土的方式，通常穴坑深40～50 cm，直径50～60 cm，回填土踩实后距坑边缘20～25 cm为宜，有利于蓄水。穴坑中心间距1.5～2.0 m。

4. 造林管护

四翅滨藜抗性较强，生长速度快，为促进幼苗健壮生长，有利于后期利用。移植后2年内禁止放牧，避免牲畜啃食、踩踏，影响生长。有需要时在林地周围设置防护栏，加强管护。

（五）刈割

四翅滨藜作为饲料植物，可通过合理刈割来促进其不断生长萌新。移植后第3年可进行刈割，每年在四翅滨藜生长高峰期（4—5月或6月末至7月）过后刈割1～2次。当年只进行1次刈割的林地，在每年7月份刈割地上枝条；当年刈割2次的林地，分别在6月中旬和8月中旬刈割。每次刈割留茬高度8～10 cm。

三、应用价值

（一）饲用价值

四翅滨藜作为饲料灌木，已被引种至全球干旱荒漠地区，是干旱、半干旱荒漠区牲畜和野生动物的重要牧草资源。四翅滨藜富含多种营养成分，据研究，1年生四翅滨藜枝叶中，粗蛋白含量占27.02%、粗脂肪含量占11.14%、粗纤维含量占44.55%、灰分含量占18.73%、无氮浸出物含量占76.73%，其营养物质含量远高于同生长期限的紫花苜蓿和玉米秸秆。1年生四翅滨藜可亩产鲜草5 t，3年生四翅滨藜亩产鲜草15 t，是当地3年生紫花苜蓿的3～4倍，饲料玉米的5倍。四翅滨藜适口性好，牲畜采食率高，一年四季采食，特别是秋冬季节和早春时节青饲匮乏时，多数动物均会采食，利用率极高。

（二）生态价值

四翅滨藜不仅是优良的饲料灌木，亦是生态改良的先锋树种，在恶劣环境下具有极强的抵抗能力，生命力顽强，能适应寒旱、酷热、高盐碱等生境，是干旱、半干旱荒漠地区水土固持、防风固沙、盐碱改良、草场植被修复等生态环境治理的先锋树种之一。四翅滨藜根区体积大，主根发达，其长度是株高的好几倍。四翅滨藜生长繁殖速度快，枝叶繁茂，成林速度快，可有效地防风固沙，发挥生态效益。我国引种栽培经验证明，四翅滨藜高度耐盐，不仅在极重度盐碱地中正常生长，而且具有极强的吸盐能力，可平衡土壤盐分，有"生物脱盐器"之称，是盐碱改良利用的优质物种。

（三）药用价值

四翅滨藜果实种子可供药用，具有祛风止痛、平肝明目、活血消肿之功效，主要治疗目赤肿痛、头晕目眩、皮肤瘙痒等疾病；植株富含甜菜碱和亚麻酸等药用成分，对心脑血管疾病、肝脏疾病及一些慢性病的罹患风险有一定降低作用，在抗真菌方面效果非常显著。

第六节　芨芨草栽培技术与应用价值

一、植物特征

（一）形态特征

芨芨草（*Achnatherum splendens*），为禾本科芨芨草属多年生草本植物。株高可达 2 m 高，茎秆直立、坚硬、丛生。叶片细长、坚韧、卷折，长 0.3 ~ 1.2 m，背面有脊，外被沙套。圆锥花序，呈金字塔形，灰绿色略带紫色，花期 6—7 月，8—9 月成熟，芒自外稃齿间伸出，不扭转，易脱落。根系庞大，主根延长至地下 0.6 ~ 1.2 m，侧根发达，根幅 1.6 ~ 2.0 m，表皮具白色毛状外菌根。成熟后，草质粗硬，枯枝不易脱落。

（二）生物特征

芨芨草属于盐生、旱中生高大密丛型植物，环境适应能力极强，耐热、耐旱、耐寒、耐践踏、耐盐碱，具有春季返青早、牧草产量高、营养价值高等特性。多分布在我国西北、东北等地荒漠地带、荒漠草原地带及荒漠化盐渍化盆地，为盐生草甸上的建群种，在荒漠地带的荒山、荒坡、陡崖、盐碱地、沙砾地等均可见，既是优良牧草亦是水土保持较佳的经济植物，用途广泛。北方荒漠地区芨芨草通常在 4 月中下旬开始返青，5—9 月是生长旺盛期，9 月下旬逐渐发黄干枯。芨芨草在土质紧实、水分适中的土壤中，根部易分蘖形成庞大根系，生长密集高达，在盐渍化、干涸土壤中根系发育缓慢，植株稀疏矮小。

二、栽培管理

（一）种子处理

芨芨草种子生命活力持久，萌芽能力强，凡是成熟的种子不需要催芽处理，在适合的条件基本都可发芽，且发芽率可达90%以上。

（二）选地整地

芨芨草对土壤要求不高，在黏土、沙土、壤土及中性偏碱性土壤中均可生长，生命力旺盛，在荒山、坡地、田间地埂均可种植，不用对土壤进行特别处理，第1年播种可浅耕土壤，轻旋耙平即可。

（三）播种

芨芨草播种方法有种子直接播种和分根栽植2种。

1. 种子直播

种子直播多用于路边坡面绿化或田间地埂防护，一般在6—7月雨季进行撒播或沟播，播深1~2 cm，播后覆薄土或用耙子轻轻耙糖覆盖。坡面地种植时采用等高隔带翻耕，自下而上种植，用第2行开沟的土覆盖第1行的种子。

2. 分根栽植

分根栽植多用于牧草种植或荒坡荒滩绿化，在春季3月下旬至4月上旬趁芨芨草还未萌芽返青，将整丛植株庞大的根系完成挖出，分成数丛小根，每小丛保留6~8个根系，按照株行距20 cm×15 cm挖穴栽植，穴深5~8 cm。栽植时先剪去地上部干枯的茎枝和叶片，促进新芽萌生，提高栽植成活率。有灌溉条件的地块可以在栽植后灌溉1次，增加根系扎根成活。

（四）田间管理

芨芨草耐旱、耐贫瘠，种植后一般不用追肥灌溉，牧草收割地块出苗后，及时清除田间杂草，出苗过密的地方，可结合除草同时进行间苗。芨芨草前期根系较弱，生长缓慢，种植后3年内，严禁放牧和牲畜啃食，促进芨芨草长大成丛。待芨芨草成丛后，每年春季3月上旬，将地上部干枯的茎枝和叶片点燃烧毁，有利于芨芨草根部分蘖和萌芽返青。

（五）收割

芨芨草为优质饲草，为保证牧草适口性和营养价值，应在抽穗、开花前期收割牧草，并进行青贮加工。

三、应用价值

芨芨草抗逆性和适应性极强，具有极高的饲用营养价值，春夏的青草和秋冬的甘草均可作为牧草，深受牲畜喜食。初春返青的鲜嫩芨芨草，羊群喜食；此后茎叶生长茂盛，茎开始木质化，牛和骆驼喜食；抽穗后大型家畜如骡、马均喜食；9—10月份枝叶变黄干枯后，可割下来压成草垛供牲畜冬季食用。此外，芨芨草亦是优良的水土保持植物，耐寒、耐旱，根系发达，对土壤固持具有很好的作用，生态价值极高。

（一）饲用价值

人工种植芨芨草，受播种密度、土壤肥力、放牧封育时间等因素影响，牧草亩产量高低不一，但是芨芨草营养成分均在拔节期达到最高。芨芨草拔节期蛋白质含量约在114 g/kg，粗脂肪约97 g/kg，粗脂肪23.3 g/kg左右，粗纤维382.4 g/kg左右，并且枝叶鲜嫩，适口性好，是牲畜饲用的最佳时期。拔节抽穗后，芨芨草茎秆和叶片逐渐变得粗硬，适口性降低，茎叶营养成分含量降低，饲用价值减低。

饲草用芨芨草要在拔节期及时收割，抽穗开花会抑制根系和枝叶分蘖，导致芨芨草株丛退化；同时芨芨草牧草地超强度利用或生长期内不利用，地上部鲜嫩枝叶减少或枯枝枯叶积累过多均会影响其光合作用，枝叶和根系分蘖量减少，影响牧草产量和使用时间。若长期过度放牧利用，芨芨草根部受到啃食，养分和水分汲取减少，地上部生长受限，株丛变矮，生物量减少。

（二）生态价值

芨芨草地下部分蘖根发达，须根密集繁多，具有极强的涵养水源和固持土壤的能力。同时芨芨草地上部枝叶高大丛生茂密，秋冬干枯后覆盖在地表，抗风蚀，不易腐烂，能有效减少地表水土流失，减弱表层土壤受风蚀和沙蚀的程度。芨芨草生长旺盛，生长速度快，是既经济又能快速恢复植被的植物，在治理水土流失方面具有无可替代的作用。常用于荒山、荒坡、荒滩绿化和道路坡面防护及渠坝坡面防护等，在滑坡面、路旁及田间地埂可形成天然草埂，再生能力较强，群落外貌单一而稳定，可通过庞大的根系和强大植株丛，阻止其他植物侵入，具有防治田埂冲刷坍塌、沟沿扩张，阻拦泥石流冲刷，分流、滞流洪水等作用。同时，芨芨草耐中度盐碱，也是北方荒漠地区盐碱地改良利用的优选植物之一。

（三）药用价值

芨芨草茎枝、花朵和种子均可入药，具有利尿清热、止血等药用功能，可用于治疗治尿路感染、尿闭、尿道炎等疾病，药用价值良好。

（四）工业价值

芨芨草茎枝粗硬，坚韧有力，在日常生活中常被人们用于制作高级纸浆、人造丝，编织筐、草帘、扫帚、背篓，打造草绳等，是编织、建材等产业良好材料，用其制作的编织品经久耐用，经济用途较广。

第七节　花棒栽培技术与应用价值

一、植物特征

（一）形态特征

花棒（*Corethrodendron scoparium*），别名细枝岩黄芪、花柴、花帽，为蝶形花科落叶大灌木。根系发达，株高 2～3 m，高者达 5 m，冠幅 4～5 m，上部多分枝。新枝呈嫩绿色，外皮后渐变为灰黄色；老枝呈红色，树皮纵裂，呈纤维条片状逐渐剥落。奇数羽状复叶，小叶，全缘，先端尖，呈圆卵状或披针矩圆形，灰绿色，具短柔毛，长 1～4cm，宽 0.3～0.7cm，茎枝上部小叶多退化，只有绿色叶轴。总状花序，腋生，蝶形花，花小疏散，呈紫红色，具长梗。荚果，有 2～4 个节荚，串珠状，灰白色，近宽卵形，密被茸毛，内含种子呈卵圆形，黄褐色。花期 6—8 月，果期 8—9 月。

（二）生物特征

花棒喜光、抗旱、抗寒、抗盐碱，蒸腾强度大，主根和侧根均很发达，根幅可达十几米宽，主根可追随地下水分持续垂直向下生长，须根系在水平方向和垂直方向发育出多层根系水网，扩大吸收面以适应干旱生境，其上部枝条的小叶更是退化呈绿色枝条来适应干旱。花棒耐热不耐荫，能忍受沙漠 40～50 ℃高温，自然分布于甘肃、内蒙古、新疆的荒漠沙地。花棒萌芽更新能力强，冬天枯死后，来年春季又可从根颈处萌发大量新枝，枝条叶腋腋芽萌生的能力亦很强，常通过茎和枝进行隐性繁殖，生长繁殖迅速。此外，花棒耐沙埋、抗风蚀，其根部被风蚀裸露在地表后仍可生长，地上部被风沙掩埋的茎枝，一定水分条件下能够继续萌生新枝，枝上长枝，受风沙吹蚀越厉害，繁殖越旺盛，是西北荒漠沙地及干旱草原地带固沙造林及荒漠化治理的易植树种。

二、栽培管理

（一）整地选地

花棒造林对土壤要求不严格，一般宜选择地势平坦、不易积水的沙地或中轻度盐碱地，造林前将土壤深翻，耙平耙细，挖穴移栽即可，无须施肥。花棒育苗地选择排灌方便的沙土或沙质壤土，春秋季节深翻整地，灌足底水。

（二）育苗繁殖

花棒繁殖有种子繁殖和扦插繁殖 2 种方法。

1. 种子繁殖

种子采集：花棒种子成熟后，一般于 10 月中下旬，待果荚变为灰白色后进行采收。采种时，应选择 5 年生以上的健壮树木，将荚果采下去除果荚枝叶等杂质后，晒干，放置阴凉干燥处。花棒种子寿命长，生命活力旺盛，保存 3~5 年的种子发芽率仍保持 80% 左右，可在丰收年将种子采收后保存备用。

2. 种子处理

荒漠地区野生花棒种子种皮坚硬，透水性和透气性较差，不易发芽，需在播种前 1 周进行催芽处理。催芽时先将花棒种子用温水浸泡 2~3 d 后，再掺混 10 倍种子量的细沙，两者混合均匀后堆放沙藏催芽，待部分种子露白后即可播种，亩播种量 5~6 kg。催芽过程中控制种子和细沙的湿度呈湿而不团的状态。

3. 播种育苗

花棒种子育苗多采用大田带状条播育苗，带宽 40~50 cm，行距 20 cm，播深 3~4 cm，播后覆土轻轻镇压。待幼苗破土出苗后，视土壤实际墒情，灌水 1~2 次，不宜过多浇水。花棒播种当年，可生长至 1 m 左右高。待株高 40 cm 以上便可移苗造林。

4. 扦插育苗

插穗准备：穗材最好从生长 5 年以上健壮花棒树上剪取。通常选取直径在 1.0~1.5 cm 的 1~2 年生半木质化枝条，按照上平下斜将其截成 40~50 cm 长度的插穗，每条插穗上保留 3～4 个生长点。剪好的插穗置于清水中浸泡 1 夜，使插穗充分吸收水分后进行扦插。扦插时用插穗斜端在 50 mg/L 生根粉溶液中蘸取 5 s，快速取出插入苗床。扦插密度 10 cm×15 cm，扦插后，及时灌溉浇水。

（三）造林

1. 苗木规格

花棒造林苗，无须大苗，实生苗和扦插苗以其主茎干完全木质化、根系直径 > 0.5 cm 且健壮发黑为宜。种子育苗移植 1～2 年实生苗，扦插苗移植 2～3 年生插条。

2. 造林时间

花棒可进行春季造林或秋季造林。春季移栽的苗木成活率可达 85%～90%，略高于秋季，生产实践中多在春季进行造林。

3. 造林方式

花棒移栽采用挖穴移栽，穴深 30～50 cm，穴径 50 cm，株行距 2 m×2 m；沙地造林，株行距 1 m×3 m。

4. 移植造林

造林最好在春后雨后进行，每穴移植 1～2 株幼苗，边起苗边栽植，幼苗带土移植，垂直放入穴中，将须根舒展开，先回填 1/2 土壤，提苗踩实后，再填入余下土壤，踩实覆虚土。穴中土壤水分含量较低的，移栽后及时灌水。

（四）抚育管理

1. 除草

花棒前期生长较慢，易受大型杂草胁迫，待移植苗木扎根后，注意及时除草。栽植第 1 年除草 2～3 次，第 2 年开始每年早春返青时中耕除草 1 次。刈割地可在刈割的同时除草。

2. 灌溉

花棒耐旱性极强，移植当年 5—6 月土壤若过于干旱，需进行灌溉 1 次，苗木成活后则不需要灌溉。

3. 补苗管护

花棒栽植第 2 年，对成活率 < 80% 的林地，在缺苗处原地补植。同时，注意对被风沙掩埋的或遭受风蚀根系裸露在外的幼苗，进行根部刨沙和培土管护。

4. 病虫害防治

花棒抗性较强，主要病虫害发生在夏季高温季节，如白粉病、蚜虫、跳鼠等。白粉病对发生 7—9 月，发生严重时可喷施石硫合剂，连续喷施 2 次，每次间隔 15 d。蚜虫多发生于 5 月，幼虫期喷洒 0.3%印楝素乳油 1 000 倍液或 1.8%阿维菌素乳油 800 ~ 1 000 倍液，喷施 1 ~ 2 次，每次间隔 10 d。除病虫害外，花棒还需注意鼠害防治，可采用 0.1%氟乙酸胺溶液制成毒饵诱杀。人工捕杀，采用鼠夹或鼠笼等消灭。

三、应用价值

（一）饲用价值

花棒枝条茎叶营养价值较高，富含粗蛋白、粗纤维、多种维生素及矿质元素，是沙漠地区牲畜蛋白质及维生素补充的优良饲用灌木。花棒开花期蛋白质含量约占 18.35%、粗纤维含量约占 25.66%、无氮浸出物 45.86%，氨基酸成分比较齐全，适口性好，牲畜均喜食，特别喜食嫩枝嫩叶。花棒生长速度快，枝叶繁茂，产草量较高，据测定，一亩花棒可产青草 1 000 kg。

（二）生态价值

花棒根区发达，主根垂直方向可深入地下 60 cm 的沙土层，水平方向侧根根幅可达十几米宽，抗逆性和适应能力极强。生长速度快，种植当年根部发育，第 2 年开始，地上部生物量可连续直线增长 10 年左右，株高可达 5 m，具有很好的水土保持和阻挡风沙的功能。耐沙埋、抗风蚀，再生能力强，被风沙掩埋的枝条很快会萌蘖出新枝，沙埋越深繁殖越旺，固沙效果良好，是从荒漠、半荒漠地区生态治理的优良树种之一。而且，花棒具有豆科植物根瘤固氮特性，在贫瘠的沙地能满足其自身养分需求。

（三）食用价值

花棒种子含油率高较高，属于半干性油，不饱和脂肪酸含量高达 90%以上，其中亚油酸含量达 60%以上，具有良好的降血脂、降血糖作用，也可开发食用油，应用前景广阔。此外，花棒籽粒中粗蛋白含量也很高，接近甚至高于大豆，日常生活中也可将其炒熟后，当作豆食用，也可与莜麦、荞麦等粮食掺和加工成炒面，油香味十足，口感甚好。

（四）经济价值

花棒坚硬，枝干富含油脂。1～2 年生花棒嫩枝，枝干光滑笔直，色泽红黄，可做编制品；其初生皮层纤维含量丰富，且抗拉强度和韧性均很好，可作为麻绳、麻袋的等产品原材料；多年生花棒枝干粗壮坚实，可制作铁锹、叉子等农用具的把柄和房屋椽子。

第五章 荒漠药用景观植物栽培技术与应用价值

第一节 马蔺栽培技术与应用价值

一、植物特征

（一）形态特征

马蔺（*Iris lactea*），别名马莲、马兰或马兰花，为鸢尾科多年生宿根草本植物，根系发达坚韧，须根繁多密集，呈伞状分布，主根垂直可深入地下 1.0 m 左右。株高 60 cm 左右，丛密，纵生，茎干短粗，呈根状。叶基生，扁平狭线形，硬质，韧性，长 50～60 cm，宽 0.5～1.0 cm，内具条纹中脉，无主脉。花单生，呈蓝色或浅蓝色，重瓣倒披针形，花莛光滑，与叶同高，花期 5 月下旬至 6 月，花期 50 d 左右。蒴果，长椭圆形柱状，具纵肋 6 条，顶端喙尖短，内含多粒种子，呈棕褐色，近球形或椭球形，具棱，种皮坚硬，表皮覆盖蜡质层，一般于 7—8 月成熟。

（二）生物特征

马蔺喜温热气候，抵抗性较强，耐旱、抗热、抗霜冻，在-10 ℃低温下其幼苗还可生长。马蔺主根和须根系均很发达，抗旱性极强，在年降水量不足 200 mm 的干旱荒漠区亦可自然生长，多分布在东北、华北、西北等地荒漠区或荒漠草原地带。马蔺耐瘠薄，在田间地埂、草原滩地、黄土坡地、沙土地等均能生长，具有"假眠"特性，在极度干旱条件下，马蔺会通过假眠来度过胁迫。马蔺亦耐盐碱，在 pH > 8.0，含盐量≤3%的中重度盐渍化土壤上仍可生长。马蔺不耐涝，在积水洼地或湿地，水淹过久会使马蔺根部腐烂而导致其死亡。马蔺生命力顽强，自我恢复和再生能力强，茎叶收割或被践踏破坏后，可快速新生恢复，可管理粗放。生命周期和利用年限长，对有害气体如 SO_2 等具有一定的抵抗性和吸附性。

二、栽培管理

（一）选地整地

马蔺适应性极强，可在大多数土壤环境下生存，对土地类型及土壤肥力要求不严，人工种植时可选择地势较好，土质疏松、土层深厚，肥力中下的沙壤土或盐碱地进行种植。

秋冬整地时每亩施用充分腐熟的农家肥 2000～3000 kg，深翻与土壤混匀晾晒杀菌。开春整地时每亩再施入磷酸二铵 15 kg 左右，浅翻混匀后，将地表整平，避免排水不良，雨季积水。

（二）种子处理

选择当年采收的马蔺种子，挑选外皮呈褐色或黄褐色并且籽粒饱满的种子，成熟度好，发芽能力强。播种前将种子用 25 ℃的温水恒温浸种 10 d，期间每天换水 1 次，10 d 后将种子放置在金属或玻璃容器中，加水淹没种子，使水面高出种子平面 10 cm 左右，放入烘箱中使温度缓慢升至 100 ℃，保持 100 ℃烘 5 min，关闭烘箱，迅速取出装有种子的器皿，继续注入 15 ℃水，使器皿中水温降至 20 ℃左右后，再将种子滤出用 0.1%KMnO$_4$溶液消毒 30 min，捞出种子用清水冲洗 3～5 遍，冲洗干净后即可进行播种。

（三）播种

1. 播种时间

马蔺在春季、夏季和秋季均可进行播种。一般大棚育苗可在春季 3 月上旬进行播种；大田种植可在春末夏初 4 月上旬至 6 月中旬或秋季 8 月至 10 月中下旬进行。

2. 播种方式

马蔺播种方式有穴播、条播、沟播等。分株移栽和营养钵育苗采用穴播方式进行，大田种子直播采用条播或沟播方式进行。

3. 繁殖方式

马蔺通常可采用分株移栽、种子直播育苗等方式进行繁殖，实际生产中多以种子直播育苗繁殖为主。种子直播育苗有营养钵育苗和大田直播育苗两种，其中营养钵育苗多用于景观园林绿化，大田直播多用于饲草收割。

（1）分株移栽。春季在马蔺未发芽之前，整株连根挖起，将其根分成小芽，按照株行距 30 cm×40 cm 进行移栽，移栽时挖 10～15 cm 的深穴，将小芽放入穴中，覆土踩实，切记不可将根外漏于地表，栽后及时浇水。

（2）营养钵育苗。经过处理的种子，与 3 倍种子量的湿沙混匀，沙藏处理 20 d 左右，期间保湿沙子湿度在 40%～50%，待种子露白后，可在营养钵中进行育苗，每钵播种 3～5 粒，覆营养土轻轻压实，灌溉。营养钵育苗可选择移栽定植 1～2 年生苗，移栽时去除黑色塑料营养钵，株行距 30 cm×40 cm，栽后压实土壤，及时浇灌。

（3）大田直播。经过处理的种子，直接进行播种。播种时采用开沟条播的方式，将种子均匀撒入沟内，沟行距 40 cm，沟深 7 cm 左右，覆土 5 cm，压实浇水，覆膜保墒。直播种子亩用种量 16 kg 左右。

（四）田间管理

1. 中耕除草

马蔺播种后大约 35 d 可发芽破土，破土出苗前要及时清除田间杂草，避免杂草胁迫马蔺幼苗生长，确保马蔺出苗整齐一致。出苗后至 4 片真叶时，可根据田间杂草情况，除草 1～2 次，后期可不再除草，每茬收割时清除地上部大型杂草即可。

2. 灌溉

马蔺生育期内需水量不多，成苗后基本不再进行灌溉。关键需水时期是苗期，在种子播种后至萌发出苗前每隔 1 周左右需灌水 1 次。马蔺出苗后每隔 15 d 左右灌水 1 次，待幼苗长至 3 片真叶时可不再灌水。马蔺播种至成苗阶段需灌水 6～7 次，后期不再浇水灌溉，每次收割后 3～4 d 可根据天气情况灌水 1 次。

3. 追肥

马蔺适应强极强，对土壤养分需求不高，人工栽植饲草可在每年入冬土壤封冻前，每亩施腐熟农家肥 2 000 kg，在行内浅翻。

4. 病虫害防治

马蔺抗病能力极强，通常极少出现病虫害。人工种植大面积生产时，可在播前适当进行土壤消毒杀菌处理，预防土传病害。可结合整地，在翻耕处喷施 48% 氟乐灵乳油 300～500 倍液，喷后平整土地，再喷施 1 次，可预防禾本科类杂草；或将土壤深翻 30 cm 左右，将土壤消毒剂 1.5 kg 拌 10 kg 细土，将毒土均匀撒施在翻耕表面，后平整土地，耙平耱细，预防地下病害。

（五）采收

1. 茎叶采收

马蔺在定植第 2 年可进行采收，每年可采收 2～3 茬。第 1 茬收割在 6 月下旬至 7 月中上旬进行，第 2 茬可在 8 月进行，不采收种子苗圃地的可在 9 月上旬进行第 3 茬收割，一般在霜冻前 30 d 不再收割。

2. 花采收

马蔺花期较长，一般于 5 月中下旬开始，花期长达 50 d 左右，采收时将花从茎顶端摘下，晾干即可，置于干燥的塑料袋中或塑料箱中储藏。

3. 种子采收

西北荒漠地区马蔺种子于 8 月下旬逐渐成熟，种子成熟后蒴果外皮颜色变深呈黑色或黑褐色，果皮不开裂，内含种子种皮为褐色。采收时，选择成熟度好、颜色深褐的剪下果穗，带回晾晒场，晒干，捶打脱粒，风选清除杂质，晒干装袋，放置阴凉干燥通风处储藏。

三、应用价值

（一）生态价值

马蔺主根和侧根均很发达，主根可深入地下 1.0 m 左右，侧根根幅较宽，且分蘖须根稠密，在地下呈伞状分布，保水固土能力极强，常用于铁路、公路、渠道、水坝、水电站等两侧防护坡裸露地面的生态治理，可有效缓解暴雨、风蚀等自然气候对地表的侵蚀破坏，同时具有改善空气湿度、调节地表温度等作用。在边坡、护坡绿化生态环境中，马蔺可作为先锋建群物种，在生物群落演绎过程与其他矮灌木和小乔木共同构建长期稳定的护坡物种，有效防治坡面水土流失，保护护坡土壤生态。马蔺适应范围广，不仅耐寒耐旱也耐盐碱，在中重度盐渍化土壤中仍可正常生长，是盐碱地绿化及改良先锋植物之一。特别是在西北荒漠地区盐碱草滩、盐碱荒滩广泛种植，是水土保持、盐碱地绿化、防风固沙的优良覆盖植物，在荒漠化治理中具有重要作用。

（二）景观价值

马蔺对环境适应性极强，植株美观，高度一致，绿化时期长，花期可长达 2 个月，其抗旱和抗病虫能力强，建植管理粗放，需水量较少，大大降低了景观绿化植被建植成本，在城镇景观绿化和景区绿化中可作为替代草坪的低成本景观绿化植物，大面积种植观赏效果极好。可与人工草坪及其他一年生或多年生的花卉、乔灌木等绿化植被合理搭配建植混合型绿化景观，层次错落有致，美观自然和谐。马蔺生命力顽强，自我恢复能力强，茎叶被踩踏破坏后，还会萌生出新的茎叶，继续生长，且其花色清雅，对开放性绿地景观建植及道路两侧隔离带绿化来说是不错的优质物种。目前马蔺在各个大中城市绿化及景区均有栽培，生态效益良好，在水资源利用和后期管护管理方面成本较低，从管护成本和美观效果来说均比强于人工草坪，园林绿化应用广泛且经济美观。

（三）药用价值

马蔺具有一定的药用价值，其根、茎、叶、花及全株均可入药。马蔺花，味咸、酸、微苦，性凉，具有清热解毒之功效，可用于治疗咽喉肿痛、吐血、小便不通、疝气、痔疮泻痢等症状。马蔺种子味甘，性平，具有清热解毒、止血利尿的作用，可用于治疗活血止疼、风湿痹痛、黄疸、泻痢、白带、痈肿、血崩等症。马蔺叶片和分蘖根亦可用于治疗喉痹、痈疽、风湿痹痛等症状。

（四）饲用价值

马蔺为多年生草本植物，生命周期长，利用年限久，种植1次可利用多年，每年可收割多茬，地上部生物量大，营养物质丰富，是经济适用的优良畜牧饲草，特别是绵羊喜食。

第二节　赤芍栽培技术与应用价值

一、植物特征

（一）植物特征

赤芍（*Paeonia lactiflora*），为毛茛目毛茛科芍药属多年生草本宿根植物，以干燥根入药。赤芍株高 40～70 cm。根部肥大，呈纺锤形或圆柱形，表皮黑褐色，单一或分枝。茎直立，无毛，上部有分枝。叶互生，叶柄长至 9 cm，茎顶端叶片小叶柄短，下部叶片为二回三出复叶，中上部叶为三出复叶；小叶呈狭卵形或椭圆形或披针形，先端渐尖，边缘具细齿状，背面无毛，正面沿叶脉疏生短柔毛，近革质。花两性，具数朵，生于茎顶端和叶腋，直径 7～12 cm；苞片 4～5 个，披针形，大小不等，花瓣 9～13 片，呈倒卵形，白色或深紫色或粉红色，或具重瓣；蓇葖果，呈卵形或卵圆形，长 2.5～3.0 cm，直径 1.2～1.5 cm，先端具椽。花期 4—5 月，果期 6—7 月。

（二）生物特征

赤芍抗寒性和耐旱性极强，是典型的长日照温带植物，在夏季 42.0 ℃的高温和冬季 −46.5 ℃的低温下仍可生长，在 15～28 ℃条件下生长良好。常见于北方海拔 1 500～3 500 m 之间的山坡地、灌丛间、森林边缘。适应土壤类型有森林土、草原草甸土及高原沙质壤土，在我国多地均有栽培。

二、栽培管理

（一）选地整地

赤芍为深根系多年生药用植物，根系肥大，入土较深。人工栽培地可选择土层深厚、土质疏松、排水良好、地势较高、肥力中等的中性或碱性沙质壤土或夹沙黄土地及冲积壤土的地块，丘陵山坡地应选择向阳面种植。土层浅薄、排水不畅的沙土地、低洼地或重黏土、重盐碱地长势不良，不宜种植，不可连作，每个生长周期结束后需轮作倒茬。赤芍生长周期一般为 4 年或 5 年，才能收获根部，故整地时要深翻细作，秋后作物收获后深翻 30 cm 左右，亩施入农家肥 5 000 kg 做底肥，将土肥翻混均匀，耙细整平后起垄或做畦，备栽。垄宽或畦面宽 60 cm。

（二）播种

1. 繁殖方式

赤芍繁殖方式有种子直播、分株繁殖、扦插繁殖 3 种方法。实际大田生产中多采用分株繁殖进行栽培。

（1）种子直播。当年秋季采收的成熟种子用温水浸泡 24 h 后可直接进行播种，种子直播采用条播方式，沿着起垄或做畦方向开沟，沟深 5 cm 左右，沟间距 30 cm，开好沟后将种子均匀点播在沟中，种子点播间距 10 ~ 15 cm，播后沟内覆土耙平镇压。

（2）分株繁殖。在秋季将赤芍根部挖出，脱土清洗后，挑选出商品药材，余下的根系用小刀将其分割成小株，每株保留 4 ~ 5 个小芽。分好的小株将其分割伤口进行消毒后，摆放于阴凉干燥处 2 ~ 3 d，待根部分割处伤口愈合晾干后进行时种植。种植时按照行距 60 cm、株距 40 cm 挖穴栽植，切面向下，芽头向上，每穴放 1 ~ 2 个小株，栽后在根芽上覆土，确保安全越冬。

（3）扦插繁殖。赤芍扦插最好在春末夏初新生枝条萌芽旺盛时期进行，通常为 4—6 月，挑选当年生健壮无病害枝条，剪取枝节下 5 ~ 8 cm 长作为扦插枝，每个扦插枝顶部保留 2 片叶子，整个枝条至少确保有 2 个芽点。剪好的扦插枝叶端朝上，置于清水中浸泡 30 min 后，取出底部蘸取生根粉或将生根粉粉末调成糊状涂于切口，进行扦插。

2. 播种时间

赤芍栽植时间一般为秋天土壤封冻前，将分好的小株或插条埋入土内，使其扎根。第 2 年开春土壤解冻后便可萌发新芽。

（三）田间管理

1. 施肥

赤芍整个生活周期较长，人工栽培时除施足底肥外，往后每年春季开花时节和秋季植物凋萎后需要进行追肥，每亩追施有机肥 80 kg、磷酸二铵 15 kg，追肥时可在距根区 20cm 处开沟撒施并覆土压实，也可结合培土进行。

2. 灌溉

赤芍耐旱性强，不耐水涝，出芽后一般无须灌溉，若遇特别干旱天气可适当浇水。种植 2 年后，根系逐渐肥大，根区扩宽，雨后要特别注意田间排水，防止行间积水过久根部腐烂。

3. 培土

北方地区栽植赤芍，需每年土壤封冻前，在距茎基部 3～5 cm 处剪去上部干枯枝叶，培土 15 cm 左右，并覆盖茎基伤口，防止新生芽头露出地面，遭受寒冻，无法越冬。此外，入冬前应将栽培基地内的干枯枝叶清理干净，防止虫害藏匿越冬。第 2 年春季 3 月中下旬，赤芍芽开始萌动，此时需要轻轻扒去茎基上部的覆盖土层，避免培土太深芽头破土生枝缓慢。

4. 中耕除草

赤芍为深根系植物，播种后 2 年生植株苗幼小，扎根不深，需及时进行中耕除草，防止草荒胁迫。一般露出红芽时需进行第 1 次中耕除草，锄草时不宜锄太深，浅锄 3～5 cm，保持土壤疏松无杂草即可，不可在近根处松土，以免伤及芽头和幼苗根系，影响赤芍生长。后期可根据杂草情况在 5 月、6 月除草 1～2 次。往后每年春季露芽后及时松土，定期除草 2～3 次，保持田间土壤疏松无杂草。

5. 摘蕾

不采收种子的赤芍田及无观赏用途的赤芍田，在夏季现蕾后需及时摘除花蕾，集中养分促进根部肥大粗壮。需要留种的植株可去掉周边分枝的花蕾，适当留下中间部分花蕾，使种子发育饱满结实。摘蕾需在晴天进行，且摘蕾后 1～2 d 为晴天。

6. 间作

栽后当年和第 2 年，赤芍发育缓慢，主根较弱，可适当在行间空地套种豌豆、蚕豆等浅根系作物或绿肥。一方面可在夏季高温阶段降低地表温度，另一方面可提高土地利用率，疏松培肥土壤，增加经济收入。

（四）病虫害防治

赤芍对病害较为敏感，特别是白粉病、灰霉病，常见病害还有锈病、炭疽病；虫害多为土壤越冬害虫，如蛴螬、金针虫、地老虎等。主要通过栽培高抗优良品种、科学管理施肥、入冬清园、种前土壤处理等措施预防和防控。特别是入冬前清园管理，剪下的赤芍枝叶及枯枝病叶要集中烧毁，清理彻底，减少侵染源和病原菌数量。

白粉病：发于5月下旬至6月初，气温回升至20 ℃以上的气候条件，在7—8月盛夏时期频发。发病初期，赤芍叶片背面形成圆形白色小粉斑，可及时摘除病叶并烧毁；发病严重时叶片正面及枝干均附着白色粉状物，并散生黑色小粒点，可喷施45%晶体石硫合剂200～300倍液或50%硫胶悬剂300倍液防治，连续喷施2～3次，每次间隔10 d。

锈病：多发于7—8月高温高湿季节，发病初期赤芍叶片正面出现近圆形黄绿色小疱点，叶片背面对应部位有橙黄色或黄褐色小疱斑，发病后期整个叶片布满褐色夏孢子堆，发病植株叶片卷曲干枯，可采用35%吡唑醚菌酯·氟环唑悬浮剂1 000～1 500倍液或40%氟环唑·多菌灵水剂800～1 200倍液加磷酸二氢钾喷雾防治，连续喷施2～3次，每次间隔7 d。

灰霉病：多发于春季和秋季低温高湿气候环境，背阳面阴湿地块及赤芍多年连作地块，灰霉病发生率较高。发病初期，赤芍叶片尖端和边缘产生灰白色或灰褐色不规则小点；发病后期病斑蔓向叶片内部，甚至蔓延至茎部和花部，形成不规则片状大病斑，侵染部位形成灰褐色霉层呈水渍状腐烂，可采用40%菌核净可湿性粉剂800～1000倍液或50%腐霉利可湿性粉剂500～1 000倍液交替喷雾防治，连喷2～3次，每次间隔7～10 d。

炭疽病：多发于8—9月份高温多雨时节，发病初期叶片出现黑褐色不规则病斑，表面略下陷，严重时叶下垂，病斑扩延至茎部引起倒伏，可采用25%嘧菌酯悬浮剂1 000～1 500倍液或10%苯醚甲环唑水分散粒剂1 000～1 500倍液和25%溴菌腈乳油300～500倍液联合防治。

赤芍常见的虫害有蚜虫和蛴螬、金针虫、地老虎等地下害虫，可在入冬前结合整地培土，亩用300亿个孢子/g球孢白僵菌可湿性粉剂500 g与10 kg细土混拌均匀，撒入土壤中。

（五）采收

1. 种子采收

北方荒漠地区赤芍种子通常于8月份逐渐成熟，以蓇葖果变为土黄色为成熟采收标准。过早采收赤芍种子种皮发绿，成熟不完全；采收过晚果壳发硬，种皮变黑，种子播种处理困难，发芽率低。因开花时间不一致，因此种子成熟有差异，成熟一批采收一批，收获后种子将种子置于太阳下暴晒至果皮开裂散出种子，即可播种。注意晒种时间不宜过长，以2～3 d为宜，否则种皮太硬，出苗率低。采收的种子若不及时播种，可将其混入湿沙中存放于阴凉处，9月下旬至10月中上旬种子可萌发，需在种子萌发前取出播种。种子沙藏过程保持沙子湿度以湿而不团为宜。

2. 根部采收

种子直播的赤芍，生长周期长达4～5年，第4年或第5年收获。分株繁殖和扦插繁殖的赤芍生长周期为3～4年，一般第3年或第4年8月中下旬至9月份集中采挖，采挖时选择晴朗天气，先割去地上部茎叶，再逐株挖出根部。采挖的同时分选较大的根作为商品药材加工处理，较小的作为分株繁殖种栽装入纸箱放至阴冷的室内或窖内，并用沙土掩埋。

（六）加工

挑选生的商品药用赤芍根需切去芽头和尾部，脱土清洗干净后，剔除破损、虫洞、病斑部位，剪掉须根，将其弯曲部位拉直，放置晾晒场晾干或烘箱烘干，扎成小把，置于阴凉干燥处储藏。

三、应用价值

（一）景观价值

赤芍因其花色娇艳而出名，其花朵大而艳，芳香清雅，不同品种颜色各异，有白色、粉色、红色、紫色等，花期较长，且耐旱、耐寒，可大面积种植以打造旅游基地，也适宜在道路两侧林带或绿化带种植，用于城市美化绿化，极具观赏价值。

（二）药用价值

赤芍常以根入药，其味苦，微寒，归肝、脾经，具有清热凉血，散瘀的功能，主要用于温毒发斑、肝血亏虚、月经不调、目赤肿痛、跌打损伤、痈肿疮疡、肌肉瞤动等症。赤芍主要药用成分芍药苷和安溪香酸，具有保护心血管、改善心肌氧供应、增强消化系统、保护肝脏的功效，在抗肿瘤、抗氧化、抗溃疡、降血脂、降血压等方面有着一定的作用。随着中西医学的不断发展，对于赤芍药用机理和药用成分的研究不断深入，其适用范围也在不断扩大，药材市场对赤芍的需求量也在逐年增加，开发前景广阔。

（三）食用价值

赤芍除以根入药外，其花瓣有含有黄芪苷、山柰酚、鞣质等成分，具有养肝宜血、散郁祛瘀、清热解暑、平肝明目、祛斑养颜等功效。人们收集其花瓣用来日常养生保健，如制作芍药花茶、熬芍药花粥、做芍药花饼、酿芍药花酒等。日常食用芍药花瓣，不仅美味可口，而且还可以养阴清热、柔肝舒肝、养血调经、润泽容颜，功效颇佳。目前已有不少以赤芍花瓣为原料的食品或冲泡可茶品。

（四）工业价值

赤芍除根药用外，其籽粒和茎叶利用价值也很高。籽粒含油率可达 30% 左右，常用于制作肥皂或掺和在油漆中做涂料。芍药籽油中氨基酸、粗蛋白、Ca、Mg、Zn 等无机物含量均高于牡丹籽油，具有改善肤质、调节血脂的作用，具有很大开发利用价值。赤芍的根和叶均富含鞣质，可用于提制栲胶。

第三节　沙枣栽培技术与应用价值

一、植物特征

（一）形态特征

沙枣（*Elaeagnus angustifolia*），又名桂香柳、香柳、红豆，为胡颓子科胡颓子属落叶（或常绿）乔木或灌木，株高可高达 10 m，树皮褐色至栗褐色，幼枝被银白色鳞毛，老枝有棘刺。单叶互生，披针形或狭披针形，先端尖或钝圆，基部楔形，两面均密被银白色鳞毛，无明显侧脉；具长叶柄。花两性或单性，1～3 朵，簇生于枝叶腋处，白色或黄色，无花冠，内面呈黄色，味芳香。假果，呈核果状，中果皮，成熟后橘黄色，肉质肥厚，内果皮核状，内具 1 枚果核，味涩、甜。花期 5—6 月，9—10 月果熟。

（二）生物特征

沙枣喜光耐寒耐旱，是沙漠地区典型的强阳性树种之一，寿命长，树龄可达 100 多年，生命力顽强，具有极强的适应性。水平根系超级发达，侧根根幅可达 10 m 左右，是垂直根系的十几倍。生长速度繁殖快，幼苗极易成活，1 年生苗高可达 0.5～1.0 m，4～5 年生株高可达 5～6 m。耐贫瘠、耐盐碱，对土壤、气候、温度要求不高，具有防风固沙和水土保持的生态功效，多生长在沙漠、半沙漠、荒漠地带，集中分布于北方荒漠、半荒漠地带等地，适宜在盐碱地上生长，具有较强的吸盐、抗盐能力，被誉为盐碱地的"宝树"。而且其根部附着大量根瘤菌，在固氮和土壤培肥方面具有很重要的作用。

二、栽培管理

（一）选地整地

沙枣造林地，选择沙漠或荒漠地带疏松透气沙土、沙质壤土或钙质土，沙漠、荒滩、戈壁及干旱丘陵荒坡地造林无须整地，直接挖穴栽植。大面积原生盐碱地及次生盐渍化土壤于造林前 1 年秋冬时节或造林当年早春时节全面整地，深翻耕，地表整平整细。

沙枣育苗地，选择地势平坦、排灌方便的沙土、沙质壤土或轻度盐碱地，播前全面精细整地，深翻耕 30 cm，整平整细做苗床，床面宽 1～2 m。肥力中下的地块深翻耕时亩施充分腐熟农家有机肥 2 000～3 000 kg。

（二）繁殖育苗

沙枣繁殖育苗方法：播种育苗、扦插育苗。

1. 播种育苗

（1）种子处理。沙枣种核坚硬，播种前 1 周先用 50 ℃左右的温水将种子浸泡 3 d，使种子充分吸水膨胀，捞出种子掺混等体积的细沙，覆盖多层纱布或塑料薄膜，置于阳光下充分暴晒催芽，待部分种子裂口露白后便可播种。催芽过程保持种沙混合物湿度在 15% 左右。

（2）播种育苗。沙枣播种育苗可进行春播、秋播。春播在 4 月中上旬，需进行种子催芽处理；秋播在 10 月中下旬到 11 月上旬之间，可不进行种子催芽处理直接播种。播种前先将苗床充分湿润，待土壤不粘脚后，穴播种子，穴距 20～25 cm，穴深 3 cm，每穴播种子 1～2 粒，播后床面覆盖一层细沙和锯末等体积的混合物，并用木质平板轻轻压实。沙枣播种当年实生苗株高可至 1.0 m 左右，主根直径 1～2 cm。

2. 扦插育苗

（1）插穗准备。插穗从生长旺盛期的沙枣树上选取 1～2 年生的健壮幼枝上剪穗，插穗长度 15 cm，剪穗时上平下斜，切口要平整。预先在背风向阳出挖深坑，剪好的插穗捆成小捆，芽头（平端）朝上放置在坑内，覆盖湿沙完全淹没插穗上端，并灌足水分，待扦插时取出。

（2）扦插育苗。沙枣扦插育苗可在春季和秋季进行。春季育苗于 3 月下旬至 4 月中上旬准备插穗，秋季育苗于 10 月中下旬至 11 月上旬准备插穗，扦插深度 8～10 cm，扦插密度 10 cm×30 cm，扦插后及时浇水使插穗与土壤紧密贴合，提高扦插成活率。沙枣扦插苗当年能长至 1 m 高，且成活率在 85%～90% 之间。

3. 幼苗管理

沙枣播种育苗地，实生苗出苗整齐后，进行间苗除草，间苗后充分灌溉以苗床全部湿润为宜。之后根据苗圃土壤墒情灌水 3~4 次，立秋后停止灌溉。在 7—8 月结合灌溉亩施尿素 5 kg。苗木封垄前结合灌水及时除草松土 2~3 次。

（三）造林

1. 苗木规格

沙枣生长速度快，培育 1 年的实生苗或扦插苗可出圃造林。

2. 造林时间

沙枣造林于春 4 月下旬至 5 月中上旬进行，此时土壤温度升高，降雨逐渐增多，适宜苗木生长。

3. 造林方式

沙枣造林一般在沙地、荒滩地或丘陵山，且春季风沙强烈，宜挖深穴栽苗，防止幼苗根系被风沙吹蚀裸露或被流沙掩埋。一般穴深 50 cm，穴径 50~60 cm，造林密度 1.5 m×2.0 m 或 2 m×3 m。

4. 移栽造林

沙枣幼苗出圃时，需带土起苗，或用移苗器移栽。移栽时将幼苗竖直放入穴坑底部，回填一半土踩实后，向上轻轻提下苗，继续回填土壤至幼苗根颈处再次踩实覆虚土，及时灌水，使土壤下沉紧实，促进幼苗扎根。幼苗栽植 2~3 d 后，穴坑表层再覆一层薄沙土保墒。

（四）抚育管理

1. 灌水

沙枣定植当年 5 月下旬至 6 月中旬期间，每 20 d 灌水 1 次，有利于提高其成活率。7 月份根据降雨情况，可适当灌水 1 次，进入 8 月份应停止灌水，促进苗木充分木质化安全越冬。11 月上旬土壤封冻前进行冬灌，保证来年春天沙枣萌芽新。之后沙枣则不再需要灌水。

2. 培土补苗

沙枣定植后 2 年内，需加强管护，对裸露于地表的根系及时培土覆盖。定植当年秋末冬初或第 2 年春末夏初时节，对缺苗严重的林地进行补苗。

3. 追肥

为促进沙枣苗木健壮，定植后 2 年内，每年在其速生期内每亩追施磷酸二铵（或尿素）10 kg、硫酸钾 15 kg。

4. 抹芽

沙枣枝条萌芽繁殖能力强，定植后 2 年内为促进其根系和主枝干发育，需抹去枝干下部 2/3 的侧芽。

5. 松土除草

沙枣栽植当年，结合每次灌水，用中耕器对穴坑内根区土壤进行深松耕，增强透气和透水性能，有利于幼苗根系快速发育。

6. 病虫害防治

沙枣抗病能力强，通常情况下病害较少，立枯病或有发生。夏季和秋季虫害发生较多，如尺蠖、木虱、卷叶蛾等，可提前悬挂黄板诱杀或摆放仪器通过光诱杀。病害发生时，可喷施 400 亿/g 枯草芽孢杆菌制剂 200～500 倍液、25%嘧菌酯悬浮剂 1 500 倍液；病害发生严重时，可用 0.26%苦参碱水剂 500～1 200 倍液、1.8%阿维菌素乳油 1 000 倍液，可单独喷施，也可联合喷施防治。

（五）果实采集

沙枣定植 1～2 年便可开花结果，花果期较长，将近 4 个月。果实 9 月中下旬逐渐成熟。成熟的沙枣果肉呈细沙状，口感略涩，后味甘甜；果皮呈橘黄色，易脱落。因其开花不一致，果实成熟时间也有差异，需分批采摘，边熟边采。采摘的果实置于阳光下晾晒 1～2 d，果皮凹陷后收集装箱，贮藏于阴凉干燥处。贮藏过程中注意防虫防潮。

三、应用价值

（一）生态价值

沙枣生长速度快，生命力顽强，水平根系发达，庞大的根区可固持表层沙土，防止水土流失；枝干高大，株丛茂密，能阻挡风沙运移，增加荒漠地区植被覆盖度，减少地表蒸腾，缓解盐渍化加剧；抗逆性能极强，能在沙漠地区和重度盐碱地中生存，是荒漠、半荒漠地区生态治理和荒漠化防治的优质造林树种之一。而且沙枣根部着生大量根瘤菌，通过共生固氮增加土壤肥力，供其自身生长发育。

（二）景观价值

沙枣每年 5—6 月开花，花银白色，且具香味，沁人心脾，香飘十里，甚是美观，常用作行道树、庭院观赏树，在荒漠戈壁也是来建设沙漠生态旅游景观林的重要树种之一，如银川永宁三沙源生态旅游景观林、永昌西部沙枣胡杨林、宁夏黄河沙枣园生态观光区等。用沙枣做配置生态旅游景观，其花期、果期均具有很好的观赏价值，沙枣边开花边结果，7 月开始早开花的果实逐渐开始成熟，成熟的果实外皮呈橘黄色，观之金果硕硕，食之味美甜涩，是荒漠生态旅游的一道美景。

（三）经济价值

沙枣用途广泛，是兼具生态价值、经济价值于一体的经济树种。沙枣果实是沙漠地区待客赠友的特色产品，淀粉含量极高，经常被人们与面粉掺混食用，沙枣面制作的面点风味独特。沙枣果还含有大量糖分、粗蛋白、粗脂肪、维生素和矿质元素，营养物质丰富，日常生活中可以用来煮粥、泡水、酿酒、做果酱等。沙枣果加工所剩糟粕及其幼嫩的枝叶是优质饲料，富含牲畜所需营养物质，作为饲料在我国西北荒漠、半荒漠区利用时间悠久。沙枣花期较长，且花香沁脾飘远，花中芳香油含量高，是不错的香精原料和蜜源植物。生长年限已久的沙枣，树枝繁茂，树干坚硬，生长速度减缓并退化，可作为优质木材制作木制品。

（四）药用价值

沙枣果是药食两用的果品，其味酸、甘，性凉，入肺、肝、脾、胃、肾经，具有养肝益肾、止泻镇静、健脾养胃之功效。沙枣树皮也可入药，具有清热凉血的功效。

第四节　柽柳栽培技术与应用价值

一、植物特征

（一）形态特征

柽柳（*Tamarix chinensis*），为柽柳科柽柳属落叶小乔木或灌木，又称红柳、红荆条。根系发达，主根可深入地下水层，深达 10 m 左右。株高 6 m 左右，多分枝，枝条细长，呈紫红色或红褐色或橙黄色。叶细小，呈鳞片状，紧密排列在细小枝条上，无芽小枝在冬季与鳞叶一齐脱落。花两性，极小，无梗或短梗，总状花序或圆锥状花序，5～40 朵花密集着生在当年生枝条上，呈粉红色或紫红色。蒴果为长圆锥形，种子顶端簇生柔毛，无柄。花期集中5—7月，部分延续至9月底。果期6月开始，7月开始成熟。

（二）生物特征

柽柳为喜光树种，不耐遮阴，耐干旱、耐盐碱、耐风吹沙埋，对生境要求不严，多生长于荒漠地带，是荒漠化治理、盐碱地改造及沙荒地绿化等生态环境改善的先锋树种之一，在我国多地均有分布，其中甘肃河西走廊、新疆塔里木盆地等区域分布最为广泛。柽柳适应能力极强，在荒漠地区其叶片退化成鳞片状小叶，缩小光照面积，降低蒸腾强度，来抵抗极端干旱。柽柳枝杆坚实，机械组织发达，极耐酷热和严寒，可在沙漠地区47 ℃左右的高温环境下生长，也能抵御 - 40 ℃的低温安全越冬。可无性繁殖，再生能力强，匍匐在地面的枝条被流沙掩埋后，遇水可很快萌生不定根，被风蚀裸露在地表的根系，也能长出许多枝条，而且风沙越大繁殖速度越快，对防风固沙具有良好的效果。

二、栽培管理

（一）选地整地

柽柳造林对土壤质地和肥力水平要求不高，常用于丘陵山地、荒坡地、荒沙地及盐碱地的造林绿化。栽植前，需将土地深翻耙平，同时除去其他杂草的根，避免春季杂草返青茂盛与柽柳争夺养分，影响柽柳幼苗生长。平整好土地后，不起垄，不施肥。不同地形地势，栽植方式不同。丘陵山地、盐碱地挖穴坑栽植，坡度≤25°荒坡地等高线带状栽植，坡度＞25°的荒坡地、沙荒地挖鱼鳞坑栽植，长径垂直于坡面，坑内里沿短径方向里低外高。

柽柳育苗地，需选择地势平坦、土层深厚、排灌方便的沙土地或沙质壤土地。秋季整地，深耕30 cm，每亩撒施腐熟农家肥1 000~1 500 kg做基肥。土肥翻混均匀后，用滚轮整平耙细，起苗床。床面宽1.5 m，长度根据育苗地实际情况确定。床面中间开一条引水沟，沟深15~20 cm，宽25 cm，将引水沟两侧土壤耙开压实，床面整平待播。播种前1周，对苗床进行消毒，预防土壤病虫害。采用穴盘等育苗器育苗，可不整地施肥。

（二）繁殖育苗

柽柳繁殖育苗方法：种子直播和扦插育苗。

1. 种子直播

柽柳种子较小，需与细沙掺混撒播，亩播种量5 kg左右，掺沙量为用种量的10倍。

播种时先通过引水沟灌溉浸透床面，再将掺混细沙的种子均匀撒施在床面，并用筛子在表面覆一层薄细沙。播种后前 10 d，每天早晚喷灌 1 次，操持床面湿润；第 10 d 通过引水沟大水沟灌 1 次，之后根据实际情况可间隔 5~7 d 沟灌 1 次，每次需控制灌水量，以床面湿润不积水为宜。结合灌溉，在播种后 15~20 d，每亩追施硫酸铵 5~6 kg，连续追施 2 次。待种子发芽出苗整齐后，结合间苗对苗床进行 1 次松土除草。松土时避免伤及幼苗根系。秋季育苗地于第 2 年春季再进行 1 次中耕除草，促进幼苗健壮生长。

2. 扦插育苗

扦插枝条一般选择当年生幼嫩枝条，在秋季落叶后或春季土壤解冻前，将枝条剪下，截成 20~25 cm 的小段，插条上平下斜，每个小段上保留 4~5 个芽，随剪随插。不能及时扦插的插条捆成小捆，斜端朝下直立浸泡在水中。扦插前在床面覆黑色地膜，插条露出地面 2cm，扦插后膜上覆细沙，及时灌足底水。扦插密度 10 cm×10 cm。育苗器育苗，每个育苗器中扦插 2~3 根枝条。

秋季插条在冬季土壤封冻前进行第 2 次灌水，来年 5 月份进行第 3 次灌水，7 月份进行第 4 次灌水，第 5 次灌水在土壤封冻前进行。春插枝条，扦插当年灌溉 4 次，分别于扦插当天、5 月、7 月、11 月进行。每次灌溉以床面湿润不积水为宜，且结合灌溉进行松土除草，保持土壤疏松透气，有利于插条生根。松土除草在水分下渗至床面不粘脚后进行。7 月份结合灌溉追施叶面肥，如 0.5%磷酸二氢钾或与 0.1%水溶性尿素的混合液。

为促进柽柳扦插条根系发达，需适当进行抹芽和平茬处理。待插条长至 15~20 cm 时，每根插条上只保留 1 条最健壮的新生枝条，其他弱小枝条和嫩芽全部抹去。扦插第 2 年平茬萌芽后再进行 2 次抹芽。春插枝条在第 2 年春季萌芽前进行平茬，秋插枝条在第 2 年秋季落叶后进行平茬，平茬时剪口要平整，地上部保留 2~3 cm 的茬桩。春季平茬插条在当年 5 月上中旬进行抹芽，秋季平茬插条在次年 5 月上中旬抹芽。

（三）造林

1. 造林时间

柽柳造林在春、秋两季均可进行。春季造林在 4 月上旬插条未萌芽前进行移栽，秋季造林于 9 月下旬至 10 月进行移栽。

2. 苗木规格

种子直播苗，造林时选主根长度 > 30 cm 且长势良好的 1 年生实生苗。扦插繁殖苗，选择茎枝健壮的 2 年生平茬条。

3. 造林方式

柽柳植苗造林，采用穴坑或等高线带状移植。小苗穴深 20 cm，穴径 20 cm；大苗穴深 30 cm，穴径 40 cm。鱼鳞坑小苗长径 50 cm，短径 20 cm，坑深 20 cm；大苗长径 60 cm，短径 40 cm，坑深 30 cm。等高线带状移植带宽 50 cm，带深 30 cm。

4. 造林密度

种子直播苗造林，株行距 0.5 m×2.0 m；扦插苗造林，株行距 1 m×2 m。

5. 移栽造林

栽植前用移苗器将苗木带土起出，枝干垂直放入穴坑，舒展根系，先回填 1/2 土壤，提苗踩实后，再回填余下土壤，踩实覆虚土，及时灌水。

（四）抚育管理

1. 补苗植造

栽植苗成活率低于 80% 的林地需要补植。春季移植造林地块，于当年秋季（9—10 月）补苗；秋季移植造林地块，于来年春季（4—5 月）补苗。

2. 灌水

柽柳植苗造林地移栽后 1 年内至少灌溉 3 次，第 1 次灌溉于移栽当天进行，第 2 次灌溉于栽植当年 5—6 月（春季造林）或土壤封冻前（秋季造林）进行，第 3 次灌溉于栽植当年土壤封冻前（春季造林）或来年春季 5 月（秋季造林）进行。每次灌溉，需灌足灌透。

3. 松土除草

柽柳移栽造林后 2 年，需在每年春末夏初、夏末秋初时节及时松土除草，促进根系快速发育，同时也避免草荒胁迫幼苗。柽柳成林后，林间杂草可通过喷施化学除草剂防除。

4. 整形及抹芽

实生苗和扦插苗在移植造林当年，待幼苗新枝长出 5 cm 左右时，抹掉主枝干下部 2/3 枝芽；造林第 2 年，秋季叶片干枯掉落后，剪除部分生长稠密的枝条。

5. 平茬复壮

采条林从造林第 2 年开始，在每年春季枝条萌芽前或秋季叶落后进行平茬，每次平茬在贴近地面处留 2～3 cm 高的茬桩，平茬剪口要齐平。绿化林带和防风固沙林无须平茬。

6. 病虫害防治

柽柳抗病性强，一般不发生病虫害。特殊的气候环境下也有夜蛾和蚜虫发生，可在其幼虫期喷施生物农药或植物源农药防治。

7. 封林育苗

柽柳造林后 3 年内，禁止放牧，避免牲畜啃食枝条、破坏根系，影响苗木成林。

三、应用价值

（一）生态价值

柽柳根区体积庞大，主根粗壮发达，能够深入地下十几米，地上部枝条萌蘖能力强，繁殖速度快，生长几年便可郁闭成林，具有耐寒耐旱、耐贫瘠、耐盐碱等适应生态脆弱、环境恶劣生境的抗逆性生态优势，不仅可以增加地表覆盖度，减少雨水对地表的冲蚀，降低土壤水分蒸腾，还可以阻挡风沙吹蚀流动，减缓地下盐分向上运移聚集在土壤表层，是西北干旱山区及荒漠、半荒漠地区水土固持、防风固沙、盐碱改良、绿化造林的重要经济树种之一。

（二）景观价值

柽柳约每年春季 4 月下旬开花，花期 20 d 左右，秋季 9—10 月再次开花，部分区域 1 年可开花 3 次，因此被人们称为"三胎柳"。其树形形态各异，花色叶形美观多彩，颇具景观特性。目前，柽柳树形有灌丛状、小乔木状、大乔木状等，也有被培育塑造的纤竹形、塔松形、椰树形、蒲团形、瀑布形等各种形态，且柽柳整株散发特有的芳香，沁人心脾；花色有红色、紫红色、粉色、浅粉色、白色、雪青色；叶片颜色有灰绿色、墨绿色、玉黄色、柠檬黄色等。是城市景观配置及园林盆景打造的良好物种。

（三）经济价值

柽柳枝叶繁茂，枝条细嫩，可吸收地表盐分，春夏季牲畜喜食，特别是骆驼，秋后脱落的枝叶可放养羊群，是沙漠牧区的良好饲料。柽柳花期较长，从 5—9 月断断续续开花，而且其花盘蜜腺发达，蜜汁分泌量多，是荒漠地区良好的蜜源植物，可增加农户经济收入。此外，柽柳枝条干硬，可用于制作纤维板材和搭建房屋的木梁，材质坚实，光滑顺直，柔性好，经久耐用，不易折断变形。同时，柽柳亦是名贵中药材肉苁蓉的寄主，其根区固定沙包中含有大量枯枝落叶，在自然环境下腐熟后，可作为肥料使用。柽柳经济用途广泛，可结合生态治理促进相关产业发展。

（四）药用价值

柽柳枝叶可供药用，其性平，味甘、咸，具有解毒、透疹、利尿的功效，枝叶富含黄酮类成分，临床上主治麻疹不透、感冒发热、荨麻疹、风湿性腰腿痛、扭伤等症状。

第五节　沙拐枣栽培技术与应用价值

一、植物特征

（一）形态特征

沙拐枣（*Calligonum mongolicum*），为蓼科沙拐枣属沙生灌木，根系发达，侧根较多，有根鞘保护；株高 1～3 m，少分枝，枝干多数呈"之"形弯曲，极个别通直，弯曲处萌生多个新枝，新枝呈绿色或灰绿色，老枝转为灰色，嫩枝具关节，节间长 2～5 cm，冬季脱落。叶完全退化，呈丝状或线条状；花两性，带光泽，但花被，呈粉红色或黄色，3～4 朵生于叶鞘腋内。瘦果，硬木质果皮，具明显的棱和沟槽，每棱具丝状硬刺毛 3 排，阔卵形或球形，长 2.0～2.5 cm。花期 5—6 月，果期 7—8 月。

（二）生物特征

沙拐枣为旱生长日照植物，具有抗旱、抗寒、抗风沙、耐沙埋等生态特性。主根粗壮，能垂直深入地下 5 m 左右，侧根系水平方向分布密集，在根区形成强大的吸水网，来增加对干旱严酷生境的适应性和抵抗性，在年降水量不足 100 mm、蒸发量 2200～2500 mm 的沙漠地区 45～50 ℃高温环境下，生长良好。不耐水涝，沙地水分含量＞8%会使沙拐枣根区呼吸减弱，叶片变黄甚至掉落。极度耐寒，在冬季-40 ℃的条件可安全越冬。枝叶繁茂，具有极强的抵抗性和萌蘖能力，不仅防风固沙，保持水土，而且沙埋后可萌生新的枝条，被风蚀裸露在地表的根系也可长出蘖生苗。多分布于新疆、内蒙古、宁夏、甘肃、青海等地，常见于沙漠或沙漠边缘、固定或半固定沙丘、沙砾戈壁、山前沙砾质洪积物坡地，是沙漠中主要建群树种，常散生或与梭梭等旱生植物组成群落。

二、栽培管理

（一）选地整地

沙拐枣耐旱耐寒，造林地宜选择地势平坦、土质疏松，通气良好的沙土地，不宜选择盐碱地、坑洼地。育苗地，选择地势平坦、土层深厚、排水方便、地下水位低的沙土地，在秋季或冬季土壤封冻前灌足底水，整地做苗床播种。苗床做平床，床面宽 2 m，长度根据育苗地实际长度而定。

（二）繁殖育苗

沙拐枣育苗：种子直播育苗和扦插育苗两种。

1. 种子直播

沙拐枣种子生命活力较强，种皮坚硬，播种前半个月用温水浸泡 2～3 d，待种皮吸水膨胀后捞出，与 10 倍种子量的湿沙掺混均匀，装入盆中，置于太阳下暴晒催芽，待种子露白后进行播种。催芽过程中经常喷水混拌翻动，使沙子湿度保持在 40%左右，呈湿而不团的状态。

种子播种育苗在春季或秋季进行。春播于 4 月下旬气温达到 15 ℃时，在苗床上开沟条播，行距 30 cm，沟深 5 cm，亩播种量 8 kg 左右。秋播于 10 月中下旬进行，种子可不浸泡催芽，采用穴播，深 15 cm，穴径 50 cm，每穴播种 3～5 粒种子，覆土压实，来年春天，土壤解冻后幼苗即可出土。

2. 扦插育苗

扦插枝条一般选取当年萌生的且直径 >1cm 的嫩枝为穗材，剪成 20～30 cm 的插穗段，捆成小扎捆，浸入清水中浸泡 1 d，使其充分吸收水分，再取出置于湿沙中催芽。催芽时先在底部铺 1 层湿沙，再摆放 1 层扦插条，再铺 1 层湿沙摆放扦插条，所有扦插条摆放完后最上面再覆 1 层厚厚的湿沙，用棉布或草帘覆盖催芽 2～3 d。春季 4 月中下旬，在苗床上扦插，扦插密度 20 cm×30 cm，扦插后及时灌水。

3. 幼苗管理

沙拐枣耐旱不耐涝，育苗过程中要控制水分。播种或扦插后及时浇水 1 次，4 月末至 5 月中上旬可视土壤情况灌水 1～2 次，不宜大水漫灌或灌水次数过多。沙土质地疏松，及时除草即可，不宜过多松土，结合锄草松土 2～3 次即可。

（三）造林

1. 造林时间

沙拐枣造林亦在早春进行，春季土壤解冻后4月中上旬即可进行。

2. 苗木规格

沙拐枣萌生能力强，一年生幼苗即可移栽，扦插苗待株高长至40 cm时，便可移植，

3. 造林方式

沙拐枣造林地大多沙地固定或半固定沙丘上，多以挖穴移植为主，移植密度可选择2 m×2 m、3 m×3 m、4 m×4 m，移植将幼苗枝干垂直立于穴坑，并回填湿沙踩实，及时灌溉。沙漠地区春季风沙猛烈，造林时栽植深度宜深不宜浅，穴坑深度以挖至穴底露出湿沙为宜；穴坑太浅，幼苗根系易被风沙吹蚀裸露在外，久而久之根部风干。

（四）抚育管理

1. 灌溉

沙拐枣造林第1年，移栽后灌溉1次，在4月中旬至5月中上旬视实际情况灌溉1~2次，促进幼苗扎根生长。

2. 补苗

栽植当年秋季，对成活率不足80%的造林区域，缺苗处原地进行补植；沙地造林，要及时注意幼苗被沙埋或遭受风蚀，及时进行幼苗刨沙和培土保护。

3. 封育

沙拐枣生长较快，移植当年成活，次年便可迅速生长发育。移栽后2年内，为保护幼苗成林，应修设围栏，禁止放牧踩踏。

三、应用价值

（一）生态价值

沙拐枣是我国沙漠地区典型的沙生植物，对流沙、风蚀戈壁具有很强的适应性，后期生长发育快，易繁殖，根系庞大，主根深入沙地水层，水土固持性能良好；同时，沙拐枣枝叶繁茂、稠密，形成庞大的灌丛常会引起大量积沙，强风有时可将整个灌丛埋没，仅露出顶上部分枝条。埋在湿沙中的枝条很快会产生不定根，萌发新梢，新生植株在沙堆上形

成新的灌丛，随着时间的累积形成大小不等的沙丘，不仅具有固定流沙效果，还可以堆积枝叶并自然腐熟为有机肥料。沙拐枣极端耐旱、耐寒、耐酷热，在水分条件恶劣的地段，甚至干沙层 70 ~ 100 cm 的沙区仍能茂盛生长，在夏季极度高温和干旱的环境下，会通过"假休眠"来减少水分消耗，安全度过旱季，是我国荒漠地区防风固沙、生态治理、戈壁绿化的优良树种之一。

（二）景观价值

沙拐枣属于沙质荒漠区的建群种之一。干旱荒漠区一些特殊的建筑以及工程设施区域，如光电建设区、天然气管道埋设区等，受地下工程设施的影响，不宜布设和开挖地下灌溉管道，绿化只能靠人工浇水；不宜栽植深根系超旱生植物，只能选择沙拐枣这种浅根系超旱生植物，进行环境绿化美化。同时应避免沙拐枣与梭梭等深根系物种配置。

（三）药用价值

沙拐枣，以根或带果全草入药，味苦，性微温，具有清热解毒、利尿的功效，其根主治小便混浊、疮疖疔毒，全草主治皮肤皲裂。

（四）经济价值

沙拐枣还是优良的饲料植物，其嫩枝、果实以及干枯的细枝都是良好的饲料来源，适口性中等，夏季深受骆驼、羊群的喜爱，一般骆驼喜食其枝叶，羊群喜食嫩枝和果实，冬春季节不食。此外，沙拐枣材质坚硬，木材纹理美观，适宜用作家具及装饰材料，同时是良好盆景和蜜源植物。

第六节　梭梭栽培技术与应用价值

一、植物特征

（一）形态特征

梭梭（*Haloxylon ammodendron*），为藜科猪毛菜族梭梭属小乔木，株高可达 9 m，树干直径可达 50 cm，枝干坚硬，老枝灰呈褐色或黄褐色，具梭梭环状裂纹，新枝细长、斜升或弯垂。叶退化，呈鳞片状，宽三角形，先端钝，腋间具棉毛。花两性，黄色，生于二年生短枝叶腋出，宽卵形苞片，花被矩圆形，边缘膜质，背面先端横生肾形或半圆形翅状附属物，斜伸或平展，基部心形至楔形。胞果，黄褐色，种子呈黑色或暗褐色。花期5—7月，果期9—10月。

（二）生物特征

梭梭为沙漠特有超旱生灌木，喜欢光照强烈、干旱少雨、风蚀沙埋的生态环境，能耐43 ℃高温及 - 40 ℃低温条件，可在年降水量80 ~ 200 mm的荒漠地区正常生长。根系在纵横分布均很发达，多年生梭梭主根可深入地下6 ~ 10 m，是同期株高的好几倍。生长速度较快，自然环境下每年可生长30 ~ 40 cm。抗逆性极强，耐盐碱、耐贫瘠，常生长于干旱荒漠地区，尤其是中、重度盐碱化的土壤环境中，其茎枝内盐分含量高达15%左右，在我国北方沙漠地区多有分布，是干旱荒漠地区防风固沙、绿化造林、生态治理的重要树种。

二、栽培管理

（一）选地整地

梭梭造林地，选择干旱的沙漠区或荒漠、半荒漠化的荒滩、盐碱地，不宜选择湿地和低洼地造林。造林前，荒滩、盐碱地需做好整地工作，深翻土壤，耙平耙细，为梭梭幼苗扎根和生长提供优良环境。

梭梭育苗地，选择土层深厚、地势平坦、排灌方便的沙土或沙质壤土或轻度盐碱地。育苗前，翻耕整地做苗床，并浇灌育苗水。床面宽1.0 m，苗床中间留30 cm的作业步行道。

（二）繁殖育苗

梭梭育苗一般采用播种育苗。

1. 种子采集

野生梭梭从10月开始进入种子成熟期。种子成熟时胞果果皮呈黄褐色。种皮呈黑褐色，通常在11月末或12月初进行种子采集。采收的种子放置在向阳处晒干后，脱壳去杂，装袋贮藏在阴凉干燥处。梭梭种子寿命短，不宜存放过久，1 ~ 2年为宜，存放过久，种子发芽率会降低。

2. 种子处理

当年采收梭梭种子发芽势强，育苗时选择籽粒饱满、纯净度在95%以上的种子播种。播前用25 ~ 50 mg/L生根粉拌种后闷种2 ~ 12h，或62.5 g/L精甲·咯菌清种衣悬浮剂按照1 : 300倍液按照拌种，晾晒后掺细沙播种。

3. 播种时间

梭梭育苗可在春季（3月下旬至4月上旬）和秋季（9月下旬至10月）进行。

4. 播种方式

梭梭育苗采用开沟条播方式，沟深3～5 cm，行距25～30 cm，将种子顺沟撒施，覆沙土1～2 cm，轻轻压实。亩播种量5～6 kg。

5. 幼苗管理

待出苗整齐后，进行适当间苗并中耕除草，中耕松土亦浅不宜深，以3 cm为宜。视苗床实际墒情，结合间苗适当灌水1次，灌水量以苗床刚好湿润为宜。夏季高温阶段，可根据幼苗长势和气候情况进行浇水1～2次。8月份后无须再进行浇水，促进幼苗木质化生长。

（三）移植造林

1. 苗木规格

梭梭苗生长较快，移植幼苗无须太大，1～2年生幼苗即可出圃移栽。移植时，选择株高＞30 cm，根径＞0.5 cm的健壮、无病害的幼苗，带土移植。

2. 造林时间

梭梭造林，一般于春季5月中上旬或秋末冬初时节进行。春季造林，土壤温度适宜，降雨增加，土壤墒情较好，造林成活率高；秋季造林，需根据土壤水分条件进行，无灌溉条件的林地，宜选择春季移栽造林。

3. 造林方式

梭梭造林地多为沙漠、荒滩、戈壁，为避免风沙吹蚀，宜选择挖穴深植。穴深40～50 cm，穴径50～60 cm。

4. 移栽造林

梭梭苗移栽起苗前2 d，需对幼苗进行充分灌溉。移植时将幼苗枝干垂直放入穴坑内，舒展开底部根系，先回填一半沙土踩实后，微微向上提一下苗木，扶正后，继续回填沙土至盖住苗木枝干基部，然后踩实，表层覆盖一层薄沙土。每穴移植幼苗1～2株，栽植密度1 m×1 m。有灌溉条件林地灌溉1次底水，沙土疏松易下渗，需控制好灌水量，以水分抵达穴底部即可。

（四）抚育管理

1. 培土补苗

梭梭定植后1个月左后，查看幼苗成活情况，对严重缺苗处进行原穴坑补植。同时对风蚀沙埋的穴坑进行培土、剥土，整理穴坑。梭梭极耐恶劣环境，移栽成活后，不再进行除草松土和灌溉追肥。

2. 禁牧

梭梭移植后2年内，植株较小，为加快梭梭成林，应在造林地区附近设置围栏和宣传牌，禁止在造林地区放牧，减少人为破坏。

3. 病虫害防治

梭梭成林前易发生白粉病和根腐病。白粉病对梭梭的危害比较大，主要危害枝叶部位，使枝叶变成淡黄色，之后出现白粉，发病严重时可造成整株死亡。日常需加强林地管理，发病初期，可喷施25%三唑酮可湿性粉剂1 500～2 000倍液或45%晶体石硫合剂200～300倍液，发病严重时，连续喷施2～3次，能够取得很好效果。

三、应用价值

（一）生态价值

梭梭适应能力强，生命力也非常顽强，是沙漠中的常见的建群种，具有良好的生态价值。梭梭根系庞大，枝条密集，不仅能够汲取沙漠土壤底层的水分、养分，还可以阻挡风沙流动，固定沙丘，减少沙漠水土流失，起到生态绿化功效。此外，梭梭对严酷生态条件和极端气候条件的适应能力较强，在水资源缺乏、年降雨量低于100 mm的环境及重度盐碱地中也能够生长，是沙漠戈壁生态环境绿化及盐碱地改良利用的优良树种。

（二）景观价值

在干旱荒漠地区环境，如腾格里沙漠、巴丹吉林沙漠周边城市景观绿化美化中合理配置梭梭，特别是公路两侧、城市边缘等区域。一方面移植程成活率高、绿化建设投入少，养护成本低；另一方面具有浓郁的地域特色，是构建地域性城市景观不可缺少的显著识别性元素。

（三）经济价值

梭梭生长旺盛期枝条密集，枝叶鲜嫩，富含水分和营养物质，受骆驼和羊群喜食，是牧区畜牧业发展的良好饲料。

（四）药用价值

梭梭是名贵珍稀中药材肉苁蓉的寄主，具有滋肾壮阳、补益精血的功效。肉苁蓉寄生在其根部，吸收水分和养料。以梭梭为寄主的肉苁蓉品质、药理、药效均优于其他寄主的，属于上等品。培育肉苁蓉，需先培育梭梭植株，大面积梭梭种植，肉苁蓉的产量也随之增加，可以取得较好的经济效益。

第六章　荒漠药用工业原料植物栽培技术与应用价值

第一节　罗布麻栽培技术与应用价值

一、植物特征

（一）形态特征

罗布麻（*Apocynum venetum*），为夹竹桃科罗布麻属多年生草本或直立宿根半灌木，株高 2 m 左右，根深 2～3 cm，宿根，根系发达。整株具乳汁，茎直立，光滑无毛。叶对生，呈椭圆形或长圆状披针状，先端钝，边缘微下卷，叶柄稍短。雌雄同花，聚伞状花序侧生或顶生，呈紫红色或粉红色，花冠为圆筒状钟形，花萼及花冠均 5 裂，肉质花盘，自花授粉，花期 6—8 月。蓇葖果平行或叉生，长角状，下垂，种子顶端簇生伞状白色细长茸毛，成熟时呈黄褐色，似枣核形，果期 9—10 月。

（二）生物特征

罗布麻为宿根植物，喜光、抗寒、耐旱、耐盐碱、耐高温、耐风沙，不耐涝，根系发达，入土较深，可穿过表土层、盐生层直达地下 2～3 m 水层吸取水分，是一种耐盐中生植物。罗布麻抗逆性极强，分布范围广，常见于在沙漠边缘潮湿地带、盐碱荒地四周及河流两岸和戈壁荒滩的沙质地上等干旱地带，自然分布于新疆塔里木盆地、准噶尔盆地、内蒙古阿拉善荒漠区及甘肃河西走廊典型干旱分布区。罗布麻生命活力极强，在年降雨量＜100 mm，地下水水位≤4 m，或表土层土壤含盐量＜1%的盐碱地、沙荒地上均可生长，根系活力可达 30 年以上，是荒漠地区防风固沙、荒滩绿化、水土保持、绿洲建设的先锋植物。罗布麻通常 4 月下旬至 5 月上旬开始开花，直至 8 月下旬或 9 月才结果，花期长达几个月。同时其花蜜腺发达，亦是良好的蜜源植物。

二、栽培管理

（一）品种选择

夹竹桃罗布麻有 2 种，我国均有野生分布并种植，分别为白麻和大花白麻，其中白麻又称紫斑罗布麻，大花白麻又称大花罗布麻，日常生产中统称为罗布麻。

（二）整地选地

罗布麻对环境的适应能力较强，能在绝大部分土壤环境下长，人工栽培可选择在平坦或略微带坡度并排水良好、土质疏松的沙土、沙质壤土或轻度、中度盐碱地栽培，不宜选择重度盐碱地和黏质土壤或重黏土。整地时一次性施入底肥，每亩施油渣 80 kg、磷酸二铵 20 kg，深翻 40 cm，混匀整平田块做畦覆膜。

（三）育苗

1. 种子处理

罗布麻种子较小，栽培时对种子进行精挑细选，去除干瘪、破损籽粒和杂质，挑选籽粒饱满的种子用清水浸泡 1 d，期间隔 8～12 h 换水 1 次，之后取出放入盘中摊开，覆盖湿纱布或麻布袋，置于 15 ℃条件下催芽，待接近一半的种子露白后便可播种。催芽时种子厚度保持 1 cm 左右。

2. 播种

罗布麻育苗于春季 3 月中下旬开沟条播，播种时将种子与干净的细沙掺混撒入沟内，掺混比例 1∶10，沟间距 30 cm，播深 1 cm，覆土 0.5 cm，轻轻镇压，覆膜滴水；或不覆膜，直接灌溉湿润苗床后，覆盖秸秆或稻草保湿。育苗密度以每亩 4 万苗为宜。

（三）移栽

罗布麻 1 年生苗便可移栽，一般于 4 月中旬至 5 月上旬土壤 5 cm 土层地温达到 12℃以上进行移栽，过晚移栽会影响罗布麻整个生长。开沟移植，株行距（20～25）cm×30 cm。1 年生苗不能及时移栽的，可继续生长为多年生苗。多年生苗壮实活力强，移栽后更有利于罗布麻生长，生长性能更优。移栽时需挖穴栽植，穴深 30 cm、宽 30 cm，将根系埋入坑内，覆土压实及时灌水。

（四）田间管理

1. 灌溉

罗布麻耐旱不耐涝，但播种至出苗阶段需一直保持土壤湿润。第 1 年移栽苗需及时灌溉，以滴管或喷灌为宜，每亩灌水约 50 m³，每隔 15 d 灌水 1 次，灌溉以土壤湿润地表不积明水为准。罗布麻幼苗耐高温性能不强，夏季高温时段灌溉时可选择在中午进行。育苗田待种子出苗后，为促进罗布麻幼苗根系发育，可适当控水，减少灌溉次数。苗高 4～7 cm

时，间隔 15 d 灌溉 1 次；苗高 15～20 cm 时，间隔 20 d 灌溉 1 次；苗高 40 cm 以上时，30 d 灌溉 1 次。每次灌溉不宜太多，根据田间情况，保持土壤湿度在 30%～35%之间，夏季过湿会诱发锈病；待 8 月中下旬停止灌溉，促进罗布麻茎枝木质化；入冬前罗布麻幼苗停止生长，地上部逐渐枯黄，在土壤封冻前进行 1 次冬灌，水量控制在每亩 100 m³ 为宜。

2. 追肥

罗布麻耐贫瘠，幼苗期生长缓慢，可在育苗时结合土壤处理施足底肥，保证种子生长发育，苗期养分供给充足。移栽时，入冬前在移栽田块亩施有机肥 2 000 kg，往后每年入冬后可在行间开沟追施有机 2 000 kg 左右。罗布麻在 3—10 月生育期间可不施肥。

3. 中耕除草

罗布麻苗长 7～10 cm 时，可进行中耕除草，清理行间杂草，全生育期除草 2～3 次。在移栽后第 2 年可根据田间杂草情况，机械清除行间杂草。

（六）病虫草害防治

罗布麻病虫害可通过土壤处理、施用有机肥、及时清理杂草等农业措施，保持土壤疏松透气，预防发生。罗布麻主要病害是锈病、茎斑。锈病发生期多为夏季高温高湿气候，一般在 7 中下旬和 8 月上旬频发，遇灌水或降雨等田间湿润小气候，病斑会更加严重，导致植物死亡。锈病发生初期喷施 50%退菌特可湿性粉剂 600～800 倍液喷雾防治，连续喷施 2～3 次，每次隔 7～10 d 喷。

罗布麻主要虫害为红蜘蛛、蚜虫，发生期为 6—8 月。可喷施低浓度苏打水或香烟水预防。发病初期可采用 1.8%阿维菌素乳油 800～1 000 倍液、45%联肼·乙螨唑悬浮剂 2 000～3 000 倍液、2.5%高效氯氟氰菊酯乳油 1 000～1 500 倍液等低毒低残留的药剂喷施防治。

（七）采收加工

1. 罗布麻叶采收

罗布麻叶采收较早，每年均可采收，种植第 1 年、第 2 年一般在 8 月份左右采收；第 3 年及以后，可从 5 月开始采摘到 8 月结束，每次采摘叶片不得超过植株总叶片的 1/3，可间隔 10～15 d 采摘 1 次，采摘时以中间部分为主。

2. 罗布麻花采收

罗布麻花期为 6—8 月，盛花期从 7 月下旬到 8 月上旬，可在盛花期进行集中采花，每 7～10 d 摘花 1 次，整个花期可采摘 4～5 次。留种的罗布麻不采花。

3. 罗布麻果实采收

罗布麻果实从 9 月下旬开始成熟，于 10 月下旬至 11 月上旬，罗布麻地上部分逐渐干枯，地下根茎进入休眠期，果荚变成黄褐色未开裂前进行采收。采收果荚备用取种，育苗。种植后的第 1 年和第 2 年罗布麻主要进行营养生长，基本不进行开花结荚。

4. 罗布麻秆采收

罗布麻蔓果荚采收后，随后便可采收麻秆，麻秆用割草机从根部割断，扎捆带回备用剥取麻纤维。

三、应用价值

（一）药用价值

罗布麻叶、根、茎、花均可入药。其味甘、苦，性凉，归肝经，有降压将脂、清火平肝、安神助眠之功效，对心脑血管病、心衰、头晕、失眠等有较好缓解作用，同时也具有消食化滞、利尿消肿、降血脂和延缓衰老等作用。在临床应用上，罗布麻作为治疗降"三高"疾病的首选中草药已取得成功。罗布麻富含药用活性成分和营养元素，如有机酸、黄酮类化合物油榭皮素、异榭皮苷、金丝桃苷等药用活性成分及氨基酸、矿物质元素。罗布麻叶常被加工制成罗布麻叶保健茶或破壁饮片，长期饮用具有平肝安神、清热解毒之功效。罗布麻叶晒干充装枕头，日常可缓解头晕、高血压。

（二）工业价值

罗布麻素有"野生纤维之王"美誉，韧皮富含大量纤维，其纤维内部分子结构紧密，是和棉麻、苎麻极为相似的优良纤维，其品质仅次于苎麻，且颜色柔白，有的微黄，质地柔软。人们常用罗布麻纤维加工制作的成衣、床单、被罩等纺织产品，不仅仅具有麻的风格，还有丝的光泽，绒的展性以及棉的柔软。由于罗布麻纤维的抱合力小，在加工过程中容易散落，故与毛纤维、棉纤维或其他纤维混合纺织效果较佳。罗布麻纺织物具有透气性良好、抑菌、耐磨耐腐、冬暖夏凉、防缩水等诸多优点，因此十分畅销。罗布麻整株富含白色乳汁，将近 4%～5% 的乳汁含胶量使其成为制造轮胎不可或缺的原料之一。

（三）生态价值

罗布麻具有较强的抗旱、抗寒、抗盐碱等性能，是一种防风固沙、绿化荒滩、保护生态环境的天然屏障植物，具有"绿洲前沿卫士"之称号。在生态绿化方面，与其他旱生或中生草本植物造林相比，罗布麻由于其植株高、育成时间短、成活率高、不易被风沙所淹没，在防风固沙、水土保持、土壤改良、小气候调节方面效果显著，而且罗布麻栽培需肥需水少，管理简单容易，造林成本低。

第二节　锁阳栽培技术与应用价值

一、植物特征

（一）形态特征

锁阳（*Cynomorium songaricum*），俗称不老药、锈铁棒、黄骨狼、锁严子，为锁阳科锁阳属多年生肉质寄生草本植物。常寄生于蒺藜科白刺属植物的根部，寄主专一性较强。株高大多在 10～100 cm 之间，全株多掩埋于地下，呈暗紫红色或棕红色，不具叶绿体。寄生根，肉质，多具须根。茎直立，呈圆柱形，基部粗壮，直径可达 27 cm，断面略呈颗粒状，散发淡淡香味，味微苦并涩。鳞片叶，着生于茎上部，螺旋状排列。花丝短，果实小，呈椭圆形或球形。花期 5—7 月，果期 7—8 月。

（二）生物特征

锁阳为专一性寄主植物，不能进行自养生活，所有生命活动均依赖于寄主植物，自身不能从生长环境中养分，均由寄主供其生长发育所需养分。锁阳对荒漠极端环境适应性极强，常见于沙漠边缘，与寄主白刺的分布区域，多分布于甘肃、内蒙古、新疆、宁夏、青海等干旱荒漠或半荒漠地带及荒漠地带的湖盆边缘的盐渍化区域。目前，甘肃河西地区及内蒙古阿拉善右旗等地大力发展锁阳产业，已成为主要种植基地。野生锁阳生活周期较长，可达 4～5 年，仅在最后 1 年进行生殖生长，一般从 4 月中下旬花茎破土露头，至 9 月中下旬籽粒成熟，地上部逐渐枯萎至死亡，整个生活周期基本结束，仅 4 个月左右的时间进行光照完成生殖生长，花茎破土之前的营养生长阶段不需要光照。

二、栽培管理

野生锁阳资源稀少，应用价值极高。由于人们对其进行大量采挖，野生锁阳植物资源不断减少，濒临枯竭。为保护锁阳野生资源、缓解市场短缺，人们开始人工培育锁阳，同时锁阳及其寄主对荒漠区生态恢复及盐碱地改造有重要意义。

（一）选地整地

野生锁阳常寄生于荒漠、半荒漠地带白刺种群根部，故人工培育需选择与其原始生境类似的土壤环境和气候环境进行。从土壤资源和生态建设来考虑，可选择周围具有防风林带的半流动沙丘、戈壁荒漠或沙滩荒地等进行白刺栽培并接种锁阳。周围不具防风林带的栽培基地，需建造 1.5 m 高的围栏，防止被动物啃食。也可以在沙漠地带自然生长的白刺种群上直接进行接种。

（二）寄主白刺培育

1. 育苗

在锁阳栽培地或自然分布的白刺种群附近，选择土质疏松、交通便利、排灌方便的沙土进行育苗。育苗方法有种子繁育和扦插繁育 2 种。种子繁育，需采集野生白刺种子，并挑选籽粒饱满的进行层积处理后播种。播种后浇透水，精细管理，使白刺实生幼苗健壮生长。扦插繁育，需采集鲜嫩的新生枝做插条。通常夏季 6—7 月，白刺进入生长旺盛期，此时可采集健壮新生嫩梢，剪成 15 cm 左右的插条，用育苗盘进行扦插，繁育无性苗。

2. 定植

待白刺实生苗或扦插无性苗生长健壮后，可选择在春季或秋季将苗挖出定植。春季定植于 5 月中下旬开始，秋季定植于 10 月中下旬至 11 月中上旬土壤封冻前进行。定植时做畦挖穴，按照沟距 2 m、沟深 50 cm、沟宽 80 cm 做畦，畦沟内按照株距 1 m 挖穴，穴直径约 60 cm、深度约 80 cm，在坑底撒施有机肥 10 kg 左右、复合肥 0.5 kg 左右后进行定植。定植后第 1 次浇水需浇透，第 2 天覆土压实蹲苗。

（三）锁阳种子处理

1. 种子收集

锁阳花期于 6—7 月，籽粒成熟在 8—9 月。开花期在野生锁阳生长区，挑选体型粗大、花朵密集的锁阳植株进行标记，同时在其四周 1～2 m 的范围内及寄主白刺植株上喷洒杀虫剂或投放杀虫毒饵，并在邻近显眼位置设置有毒警示牌，标明药物投放范围。果实成熟期，待锁阳果穗充分干燥成熟后，将标记的锁阳植株的种子全部收集，带回室内搓揉风选，保留成熟饱满的锁阳种子，置于 4 ℃下冷藏备用。

2. 种子处理

接种前取干燥的锁阳种子，与细沙混匀，调节两者混合物水分至 15% 左右，使细沙呈湿而不团的状态。置于 4 ℃条件下冷藏 1 个月后，将种子和细沙装入布袋中，放入水中使劲搓揉，除去皮层积物。再用细筛筛去细沙，留下锁阳种子，晾干后备用。也可以采用外源植物激素浸泡种子 24 h，打破种子休眠，提高发芽率。

（四）寄主接种

1. 定植寄主接种

寄主接种可在春季 4 月底中下旬至 5 月上旬白刺萌发时，或秋季 9 月中下旬至 10 月上旬白刺休眠时进行。选择成功定植、长势良好的白刺寄主接种经过处理的锁阳种子。采用开沟接种，开沟位置以寄主白刺为中心，在其外围 40～60 cm 处，沟宽约 30 cm、深约 60 cm，在每株寄主相对应的接种沟内均匀撒施腐熟有机肥 1 kg，上面覆盖沙土 10～15 cm，再将准备好的锁阳种子掺沙混合，均匀撒播在寄主白刺根系处，回填部分沙土后踩实浇水。回填沙土时不可将沟填平，填至距表面 10 cm 左右即可，方便蓄水浇水。锁阳种子接种量约为 0.1 g/m。

2. 野生寄主接种

自然分布的野生白刺，根系庞大，外区根系密集，需在选定的寄主白刺外围 1 m 处挖接种沟，沟宽 30 cm、深 60 cm，其余操作方法同定植寄主接种。

（五）田间管理

1. 水肥管理

锁阳和寄主白刺均为耐旱、耐寒、耐贫瘠植株，白刺造林初期可根据生长情况进行适量灌溉，保证其正常生长即可。人工栽植白刺林，每年可根据降雨量，在穴坑内适量灌水 2～3 次，每次每穴灌溉 5 L 左右。灌水过多易导致穴坑被漫，水分下渗流失。每年开春可在寄主穴坑内撒施农家肥 1 kg/m²，提升锁阳品质，无须施用化肥。

2. 寄主保护

荒漠和半荒漠地带风沙较大，寄主根区容易风蚀裸露，特别是在春秋，要注意观察及时培土，或用树枝或秸秆埋在寄主根区周围，防风固沙。人工栽培基地要随时注意观察防风栏，破损处及时加固，避免牲畜闯入，踩食寄主。

3. 杂草防治

野生寄主白刺生长在荒漠半荒漠地带，气候环境恶劣，一般无杂草生长。人工栽培基地，由于灌溉和施肥等农业管理措施改善土壤水分条件，农田杂草会大面积簇生，需定期清除，防止草荒抑制白刺和锁阳生长。

4. 培土起垄

锁阳接种后第 2 年或第 3 年春秋季节，会陆陆续续出土，此时锁阳地下根茎细弱，需要及时培土压沙进行掩埋，以防止过早抽薹开花，影响药材品质。锁阳生长时间长，不宜提前采挖，以免破坏寄主根部。

（六）病虫害防治

荒漠区野生白刺病虫害较少，但大沙鼠危害严重。长沙鼠不仅啃食寄主白刺和锁阳的根部，还啃食寄主白刺的枝条。接种后可在寄主白刺周围布设弓形夹、平板夹、高原鼠兔夹进行捕杀，或撒施溴敌隆饵诱杀，也可种植沙蓬、碱蓬等大沙鼠喜食草类，减轻对寄主的危害。人工栽植白刺由于立地条件受人为影响严重，白粉病、根腐病、种蝇等病虫害或会频发。白粉病通常夏季多发，发病初期可交替喷施 25%嘧菌酯悬浮剂 1 000～2 000 倍液或 20%三唑酮乳油 1 000～1 500 倍液防治。根腐病是土壤病害，基地构建时应对土壤进行消毒处理，发病期亩用 400 亿/g 枯草芽孢杆菌制剂 200 g 随浇水冲灌或对发病植株单株按照 400 亿/g 枯草芽孢杆菌制剂 800～1 000 倍液进行灌根。种蝇多发生在锁阳开花期和成熟期，虫害发生时可在地面喷洒 0.3%印楝素乳油 1 000 倍液，或用糖醋液（红糖 20 g，醋 20 mL，水 50 mL)、5%的红糖水诱杀。

（七）采收

锁阳接种后第 2 年进入快速生长期，但根茎细弱，品质不高，不宜采挖；接种第 3 年生长趋于稳定，第 4 年、第 5 年进入稳产阶段，可开始采挖。采挖当年 4—5 月是锁阳破土露茎生殖生长开始阶段，人工栽培基地 70%～80%锁阳露出地面时可开始采挖。采挖过程中要谨慎小心，越是接近根部越需小心，避免损伤破坏锁阳与寄主的连接点。一般接种沟的外围采挖，挖至锁阳底部后，向下轻轻扒开根部沙土至露出锁阳与白刺根部的连接点，从连接点向上 8 cm 左右处切断锁阳，取上部为单株完整的锁阳，整个过程中不可破坏或挖断白刺根部及白刺与锁阳的连接点。取出锁阳后，及时将挖出的土回填，回填时最底层土需轻轻回填，防止撞断锁阳及白刺寄生根的连接点，将所有土回填平整后用脚踩实回填土壤，使锁阳继续生长。

（八）加工

采挖的锁阳冲洗干净所有泥沙后，从横断面切成薄片，放入烘箱中低温烘干，或晾晒在干净的晾晒场地面上。晾晒过程中要及时翻动透气，每天翻动 2～3 次，防止发霉，待晒干所有水分后按商品要求包装出售。

三、应用价值

（一）药用价值

锁阳以其干燥的肉质茎入药，被人们誉为"沙漠人参"，是上品名贵中药材。其性甘温，具有补肾壮阳、滋阴养血、润肠通便之功效，主治阳衰血竭、气弱阴虚、腰膝酸软、大便燥结、神经衰弱等病症，在提升人体免疫功能、预防心血管疾病、延缓衰老、增加白细胞、抗肿瘤等方面具有很好的作用。锁阳生物活性物质成分多种多样，包括有机酸、黄酮类、三萜类、糖苷类、甾体类及挥发性成分和氨基酸类等，其中原儿茶酸具有抗氧化、抗病毒、抗肿瘤、抗应激等功能；三萜类熊果酸具有抗肿瘤、降血脂、抑菌杀毒、调节人体免疫等功能；多糖具有提高机体免疫、延缓衰老、抗氧化、防辐射、降三高、护肝等功能；甾体类鞣质除具有降三高、抗氧化、抗肿瘤功效外，可刺激机体的肠管兴奋，促进肠胃管蠕动，同时还具有收涩固精之效，对治疗阳痿早泄等有较好效果。可见，锁阳具有很高的生理和药理价值，对人体免疫功能、肠胃功能、性功能、肾上腺皮质分泌功能具有很好的促进作用和增强之效。

（二）工业价值

锁阳含有大量甾体类物质鞣质，其淀粉含量高达 32%，不仅可以用于提炼拷胶，还可以用于酿酒、饲料加工、保健产品，应用范围广，应用价值高。目前，与锁阳相关的产品有锁阳饼、锁阳咖啡、锁阳茶等，还可以与其他中药材复配添加在功能性保健品中，如与枸杞复配酿造的锁阳枸杞发酵酒，与肉苁蓉复配酿造的苁阳酒等，深厚大众喜爱。此外，还有用其有效成分提取物加工生产的各种锁阳制剂，如锁阳多糖咀嚼片、锁阳黄酮咀嚼片、锁阳螺旋藻复合片及纳米锁阳等，工业价值和经济价值较高。

第三节　肉苁蓉栽培技术与应用价值

一、植物特征

（一）形态特征

肉苁蓉（*Cistanche deserticola*），又称大芸、地精、苁蓉、察干高腰（蒙古族语），属列当科苁蓉属多年生寄生性草本植物，专门寄生在荒漠植物梭梭、柽柳等耐干旱、耐盐碱植物的根部。肉苁蓉整株高 40～160 cm，肉质根茎深扎于地下，与寄主根部连接，为黄色，呈下粗上细圆柱形，埋在土中。叶片黄色或黄褐色，边缘紫红色，呈鱼鳞状，紧贴肉质茎，下部叶片排列紧密，向上逐渐稀疏。穗状或管状花序，顶生，花冠裂片边缘具茸毛，花两性，雄蕊 4 个，子房 4 个，花期 4 月中下旬至 6 月。种子小粒，呈黑褐色，表面具果胶质，带光泽，6 月中上旬至 7 月种子成熟。

（二）生物特征

肉苁蓉为寄生性药用植物，抗逆性极强，多生长在气候干燥、光照强烈、蒸发量多于降雨的严酷的高原荒漠地带。常见于半固定沙丘、干涸老河床、湖盆低地及轻度盐渍化沙地，寄生在梭梭、红柳、柽柳等多种超强旱生荒漠植物根部 30～100 cm 根区侧根系上，对土壤、水分要求不高，以沙土、沙壤土、灰棕漠土、棕漠土为主，自然分布于内蒙古、新疆、甘肃、宁夏等地荒漠草原、半荒漠沙质地带。人工栽培不占用耕地，随寄主植物在荒漠沙地、盐碱地中培育，有利于生态环境改善和荒漠植物建群，也是荒漠区农牧民经济收入增加途径之一，生态、经济、社会综合效益突出，具有广阔的发展前景。

二、栽培管理

（一）品种选择

肉苁蓉种类较多，根据寄主不同可将其分为肉苁蓉、盐生肉苁蓉、管花肉苁蓉、沙苁蓉、迷肉苁蓉等。寄生于梭梭根部的被称为肉苁蓉和迷肉苁蓉；寄生于盐爪爪、红砂、茇茇草、珍珠柴等盐生植物根部的被称为盐生肉苁蓉；寄生于红柳或柽柳属植物根部的被称为管花肉苁蓉；寄生于沙冬青、藏锦鸡儿、霸王等植物根部的被称为沙苁蓉。根据学者研究发现，以梭梭为寄主的肉苁蓉，其营养价值高于其他寄主，有着"沙漠人参"的美誉。

（二）选地整地

肉苁蓉喜欢生长在日照强、积温高、昼夜温差大的高寒荒漠环境，抗逆性强，耐寒、耐旱，其寄主对土壤立地条件要求不高，耐旱、耐寒、耐盐碱，可选择干旱、半干旱荒漠区半流动沙丘、固定沙地或盐碱沙地种植。寄主育苗地选择含盐量 <1% 的轻质盐渍化沙土和轻沙壤土，播前翻耕整平，除去草根石砾，微灌使湿润浅表层土壤。肉苁蓉生长发育所需水分、无机盐等养分均来自于寄主，人工栽培为提高肉苁蓉品质，移栽前整地时少施部分农家肥，使得寄主梭梭苗生长健壮。梭梭育苗不宜在厚重的黏土地、重盐碱地、积水洼

地或地势较低的沟滩地进行栽植，且育苗地地下水位不宜过高，以 3～10 m 为宜。栽植造林地可选择含盐量 3% 以下的盐碱沙土地、荒滩地或半流沙丘，移栽前翻耕整平，以 200 m² 左右的面积为一个小区，做隔水埂，各小区地势高差需小于 5 cm，选择雨后移栽，或是有灌溉条件的在移栽前先将土壤浇透，晾至不粘脚便可移植。

（三）寄主培育

梭梭作为苁蓉药材品质最佳的寄主，其水分、养分的吸收及生长状况是肉苁蓉整个生命周期生长发育，获得高产高质的基础保障。因此，通过合理栽植培育梭梭是肉苁蓉高产的前提，也是野生肉苁蓉资源保护利用的重要方式。

1. 播种育苗

梭梭育苗一般在春季 3 月中下旬至 4 月上旬土壤解冻后进行土壤翻耕整理，待土壤深度 5 cm 处温度达 20 ℃ 左右时进行播种育苗。梭梭育苗采用开沟条播的方式进行，由于梭梭种子较小，播种沟不宜过深，特别是沙土中，通常以 3～5 cm 深为宜，沟行距在 25～30 cm 之间，亩播种量为 5～6 kg。播种时将梭梭种子和细沙掺混，均匀撒施在沟内，并覆土 2.0 cm，轻轻压实，小水缓灌或滴管，第 1 次灌水需浇足浇透。育苗地在出苗前需保持苗床土壤湿润，后期可根据实际情况酌情微灌，直至出苗整齐。出苗后一般不再需要灌水。夏季高温阶段，可根据幼苗长势和气候情况进行 1～2 次。同时注意田间杂草，出苗后视杂草生长情况松土除草，防止苗床土壤板结、苗圃草荒及病虫害发生。

2. 定植造林

梭梭育苗第 2 年可移栽，可冬季起苗或春季起苗。冬季起苗，即 10 月中上旬苗木进入休眠期后，适量灌冬水后，在 11 月中旬土壤冻结前起苗贮藏。春季起苗在 3 月中下旬土壤解冻后出圃移栽，越早越好，不能移栽的要临时假植。起苗过程中尽量保持幼苗根系完整，减少侧根、须根断裂，保证移栽成活率。移栽定植的过程中要踩实土壤、随栽随灌，定植株行距 1 m×3 m，定植后注意防风、保水、培土、保苗、除草。梭梭定植 2～3 年后，根系逐渐庞大，可接种肉苁蓉。

3. 天然林抚壮

在梭梭林较为集中的荒漠地带，利用现有天然或人工成龄梭梭林资源，选择生长健壮、无病虫害的寄主，围栏保护，防止牛羊等牲畜踩食。被风沙吹蚀裸露在地表的根部要及时培土掩盖。对于较稀疏的天然梭梭林带，可在空地处进行人工补播或补植健壮苗，促进林带更新。补播可选择在雨季进行，在阴雨天前将梭梭种子均匀撒施在林带空地或稀疏林地上。也可挖穴点播，穴距 2 m、播种深度 1～2 cm，每穴播 3～5 粒。天然林补植时，挑选人工培育的健壮实生苗，按照株距 2 m 移植在稀疏林地上或大面积的林间空地上。

（四）接种

1. 种子筛选

野生肉苁蓉种子一般在 6—7 月逐渐成熟，因其萌发时间差异较大，开花结果时间不一致，种子发育成熟程度不同，导致采收的野生种子质量参差不齐。接种前需进行种子筛选，挑选籽粒饱满、种皮深黑、色泽光亮、成熟度高的种子进行接种。直观情况下，直径 > 0.5 mm 的种子萌发率较高，直径 ≤ 0.5 mm 的尽量不选用。

2. 种子处理

肉苁蓉为寄生性植物，当年采收的种子不能萌发，需经过低温处理完成后熟过程才可萌发。处理方法有低温沙藏处理、药剂处理、热水处理和植物生长调节剂处理等几种。

低温沙藏处理：准备干净的细沙加水湿润至不成团的状态，将筛选好的肉苁蓉种子装入粗布袋中埋入湿沙中，4 ℃下低温贮藏 45 d 左右，取出掺混细沙后接种，可显著提高其接种率。

药剂处理：播种前用浓度 0.1% $KMnO_4$ 溶液浸泡肉苁蓉种子 30 min，捞出掺混湿沙后接种。

热水处理：播种前用 50 ℃ 热水浸泡肉苁蓉种子，水温降至室温后捞出，置于 4 ℃ 条件下贮藏半个月后与细沙掺混接种。

植物生长调节剂处理：用 0.1 mg/L 氟定酮溶液浸泡肉苁蓉种子 24 h，在将种子过滤到纱布或棉布袋中，4 ℃ 条件下贮藏半个月后与细沙掺混接种。

3. 接种时间

春季和秋季均可进行肉苁蓉的接种。春季接种最好在 4—5 月，气温回暖，雨水增多，梭梭根系快速生长，毛根系增多，此时接种可大大缩短接种时间、提高接种率。秋季最佳接种期为 10 月至 11 月上旬，此时气温逐渐下降，梭梭生长缓慢，根系逐渐停止发育，此时接种肉苁蓉种子不宜与梭梭根系连接，待来年开春土壤解冻梭梭根部毛根系恢复生长时便可很快接种，且肉苁蓉种子经过一个冬天的自然低温层积，接种率和发芽率更高。

4. 接种方法

肉苁蓉接种方法有沟播接种和穴播接种 2 种。

（1）沟播接种。有灌溉条件的人工培育的梭梭林，采用沟播接种。人工培育梭梭定植 2～3 年后，毛根系逐渐发达健壮，发育出大量直径 < 1 mm 的毛根，接种面积和接种点增多。接种时先在距梭梭主枝干 30 cm 处，顺着定植带方向在其两侧或单侧开沟，沟宽 20 cm、

沟深 60 cm，再将经过处理的肉苁蓉种子均匀撒播于沟内，回填土壤踩实后，及时进行灌溉。单侧开沟接种量每亩 100～120 g，双侧开沟接种播量翻倍。

（2）穴播接种。无灌溉条件的天然梭梭林带地区或人工造林区域，采用穴播接种。选择生长健壮的寄主梭梭植株，在距梭梭主干 50 cm 左右处挖穴，穴深 60 cm，每穴撒播 10～20 粒于穴底，回填沙土约 20 cm 厚，及时灌水，待水分完全渗入沙土后，再将剩余沙土回填覆平、踩实。穴播接种可根据梭梭树龄挖 1～3 个穴，树龄小于 5 年的梭梭或十几年树龄的老梭梭，其浅根区毛根系较少，每株可接种 1 穴；树龄在 5～10 年的健壮梭梭，浅根区毛根系发达，每株可接种 2～3 穴。

为提高肉苁蓉种子接种率，可在沟底或穴坑底部撒施 50 mg/kg 的生根剂或生根粉溶液，提高肉苁蓉种子和梭梭根系的萌发能力。

（五）田间管理

1. 水分管理

肉苁蓉和梭梭适宜生长在极为干旱的荒漠环境，但过度缺水对肉苁蓉的生长也不利。有灌溉条件的天然梭梭林每年 5 月初、7 月各灌溉 1 次，促进梭梭毛根系生长，诱导梭梭侧根向接种区生长。人工栽植的集约林带，除每年 5 月初、7 月各灌溉 1 次外，入冬前亦需浇灌 1 次冬水。

2. 林地管理

人工培育梭梭林每年要清除林带杂草 2～3 次，并根据寄主梭梭的长势，在生长旺盛期，结合灌溉追施水溶性肥料，以满足肉苁蓉生长过程养分需求。

3. 辅助授粉

肉苁蓉异花授粉，自然条件下借助风力和昆虫授粉，授粉率较低。人工培育肉苁蓉，需在开花期进行人工辅助授粉，提高结实率。人工辅助授粉时不可同株异花授粉，需异株授粉。也可在开花季节放养蜜蜂，通过虫媒传播授粉，减少人工劳动。肉苁蓉花期长达 2 个多月，授粉应分多次完成，并且开花授粉期间，禁止喷洒除草剂、杀虫剂等药物。

4. 打顶

肉苁蓉花序为无限生长花序，花序顶部 4～5 层往往不能开花结果，为促进种子生长发育，通常需要将顶部不能开花结果的花序打掉，减少养分的无谓损耗。合理的打顶不仅可以促进种子的发育，还可以促进根茎发育。

5. 病虫害防治

肉苁蓉是寄生性植物，肉苁蓉本身病害较少，虫害和鼠害较为厉害。虫害主要为种蝇，多发生在肉苁蓉出土开花季节，可在地面喷洒 0.3%印楝素乳油 1 000 倍液或 1.8%阿维菌素乳油 1 000 倍液。鼠害主要有大沙鼠，啃食梭梭根茎以及肉苁蓉肉质根茎，可在梭梭根部周围布设鼠夹、种植沙蓬、碱蓬等大沙鼠喜食植物或撒施溴鼠隆、敌鼠钠盐等毒饵诱杀。寄主梭梭病害较少，但遇高温高湿等特殊气候，白粉病和根腐病易发。梭梭白粉病多发于夏季 7—8 月高温高湿时节，嫩枝最先发病，可用武夷菌素 bo-10 生物制剂 300 倍液或 62.25%仙生可湿性粉剂 600 倍液交替喷雾防治。梭梭根腐病多发生在育苗阶段，土壤过湿、排灌不良容易导致，发生初期可采用 50%多菌灵可湿性粉剂 500 倍液灌根，关键还是要加强田间管理，育苗地选择排水良好的沙质土壤，灌水之后注意疏松土壤。

（六）采收

1. 种子采收

肉苁蓉种子成熟在 6—8 月慢慢成熟，待果荚呈黑色、种皮呈黑褐色时种子完全成熟，可以进行采收。若采收过早，种胚尚未发育完全，接种萌发率不高；采收过晚，果荚成熟停止生长，干裂开口，种子自然掉落，不易采集。由于气候差异，肉苁蓉每年物候期也有一定差异。因此，6 月下旬肉苁蓉进入成熟期后，需经常观察果序，成熟一批采收一批。采收时，将果序全部剪下，置于太阳底下充分暴晒至果荚开裂后，敲打碾压使种子脱落，筛除杂质后，晒干储存于阴凉处。

2. 肉苁蓉采收

肉苁蓉根茎采收在春、秋两季均可进行。为减少对寄主梭梭根系的破坏损伤，采挖根茎的同时可进行肉苁蓉种子接种，采收与接种同步进行，边采收，边接种，不仅可节省劳动力，而且可以增加肉苁蓉接种量。采挖根茎时，为避免损伤接种点，先在接种带外围 20 cm 左右处垂直向下挖一条宽 30～40 cm 的深沟，之后再用小铲一点一点削下靠近接种带一侧的土壤，挖至肉苁蓉近基部时，用手或小铲轻轻刨下沙土，使肉苁蓉完全裸露后，找到肉苁蓉和梭梭根系的连接寄生盘，在寄生盘上方 5～8 cm 处用割下肉质茎，同时补播 10 粒左右的种子，灌水填土。人工采收时避免伤害肉苁蓉与梭梭根系的连接寄生盘，保证肉苁蓉接种后持续萌发肉质茎。对于长度＞60 cm 的肉苁蓉进行机械采收，在距梭梭定植带约 30 cm 外侧将接种带整行翻出，切断梭梭根系，同时播下肉苁蓉种子，随后收集翻出的肉苁蓉，再灌水填土。

（七）加工贮藏

采收的肉苁蓉，除去泥沙杂质，放置晾晒场整株晒干。长度较长的肉苁蓉，体积较大、水分和糖分含量较高，不易干燥，清洗干净后可切成小于 40 cm 的长段或直接切成 1 cm 左右的厚片，晾干后，按照等级大小分级包装。春季采收的肉苁蓉，晾晒前需要切去顶部 1～2 cm 的茎尖，防止阴雨天环境潮湿继续生长，降低药材品质。肉苁蓉含糖量高，晒干的易返潮，保存不当会导致其霉变、蛀虫，应贮藏于通风干燥处的架子上，贮藏室四角可放置花椒，防止生虫。

三、应用价值

（一）药用价值

肉从蓉以其肉质茎入药，是西北荒漠地区特有的补益中药，其性温，味甘、咸，具有补肾阳、滋肾阴、益精血、润肠通便等功效，享有"沙漠人参"之美誉。肉苁蓉主要药用成分为苯乙醇苷类和多糖类，其中苯乙醇苷类可以抗衰老、抗抑郁、抗骨质疏松、提高身体功能，调节下丘脑-垂体-肾上腺功能及相关激素的水平，增强肾功能，抗阿尔茨海默病和帕金森病；多糖类可以抗疲劳、抗氧化、保肝护肝、提高机体免疫。此外，肉苁蓉含有寡糖类、甘露醇和甜菜碱等成分，可以提高肠内渗透压、抑制大肠水分吸收、促进肠蠕动，且不会引起腹下泻，对中老年人及孕妇或体虚者便秘是较佳的通便药。

（二）工业价值

虽然肉苁蓉人工栽培时间短，但栽培技术已经成熟，市场资源相对不是特别短缺，下游相关产品的开发及产业化发展已成为当前肉苁蓉大健康产业可持续发展的方向。目前市面上已经有治疗血管性痴呆的有效部位新药苁蓉总苷胶囊、松果菊苷片及治疗便秘的有效部位新药肉苁蓉总糖醇、补肾壮阳的肾宝片等。还有大量以肉苁蓉为主要原料的酒类、保健品类产品开发研究，如劲酒、七味苁蓉酒、苁蓉养生液、银杏苁蓉片、康咖片等大批肉苁蓉健康产品。

第七章 其他荒漠药用植物栽培技术和应用价值

第一节 黄芪栽培技术与应用价值

一、植物特征

(一)形态特征

黄芪(*Astragalus membranaceus*),为豆科黄芪属多年生草本植物,株高 40~100 cm,茎直立,有细棱,中上部多有分枝,幼茎淡绿色,后逐渐转为黄褐色;叶互生为羽状复叶,叶片椭圆形或长圆形,被白色柔毛,小叶 10~19 对,长 5~10 mm,宽 3~10 mm。总状花序,花冠蝶形,花梗直立,花序疏生,淡黄色。荚果呈略扁半圆形,果皮膜质膨胀,内含褐色或黑褐色种子数枚,为肾形状,种皮表面光滑具斑纹。主根细长,长 30~150 cm,圆柱形,黄褐色,尖端有些许毛根。

(二)生物特征

黄芪为深根系植物,喜凉不耐热,耐旱耐寒,不耐盐碱,怕旱又怕涝,宜生长在土层肥沃深厚疏松沙质壤土中,在黏质土壤中根系生长缓慢,不宜种在重盐碱地和涝洼地中。自然分布于吉林、黑龙江、山西、甘肃、内蒙古等地,现全国各地多有栽培,气候冷凉地区种植较多,适低温萌发,发芽温度宜在 14~15 ℃;高温高湿会抑制黄芪生长,造成烂根、死苗、鸡爪根。

二、栽培管理

(一)种质选择

目前,人们广泛栽培种植的黄芪有膜荚黄芪、蒙古黄芪,其中膜荚黄芪是荒漠草原生长的中生植物,蒙古黄芪是高原荒漠区生长的旱中生植物,均是优良的繁育种质,有着较高的药用价值,二者中蒙古黄芪药效更佳。黄芪种苗应选择根条长度 20~25 cm、有芽头且粗细均匀、无病害侵染、无机械损伤的优质种苗。

（二）选地整地

黄芪喜光照、喜透气、耐旱不耐涝，环境适应能力强。其主根粗壮，入土较深，宜生长在地势平坦、土层深厚、土质肥沃的丘陵或冲积平原的沙壤土中，不宜种植在浆土、黏质壤土和盐碱地及积水草甸区域。为防治病虫害发生严重，黄芪不宜与马铃薯、豆类作物轮作，更不宜连作，至少轮作 3 年以上，前茬作物以小麦、油菜等夏收为好。前茬作物收获后深翻耕 30 cm，充分晾晒。于来年 3 月中下旬至 4 月上旬再次春翻整地，整地时结合施肥深耕土壤，精耙细整，以土壤平、细、绵为佳，起垄做畦，畦高 25 cm，宽 120 cm，沟宽 40 cm，畦面开沟，根据墒情及时播种育苗。

（三）施肥

施肥结合翻地整地时进行，秋冬翻地时每亩施用充分腐熟的农家有机肥 3000 kg，开春整地时再施入磷酸二铵 10 kg、硫酸钾 15 kg，与有机肥一起做底肥。移栽前将全部肥料施入土壤，用犁深翻约 20 cm 混匀所有肥料。

（四）播种

1. 种子处理

黄芪种皮坚硬，硬实率高。为提高出苗率，需先进行破皮处理，再进行播种。破皮处理方法有硫酸处理和机械处理。

硫酸处理操作步骤：用 90%的硫酸在 30 ℃条件下浸泡种子 2 h，随后用清水冲洗种子数遍，将种子冲洗干净，可使黄芪发芽率达 90%左右。

机械处理操作步骤：先将黄芪种子放入 60 ℃温水中快速搅拌 1 min，然后加入冷水使水温将至 40 ℃，让种子继续浸泡，2 h 后将水倒出，覆盖多层厚棉被，放置约 12 h，待种子吸水膨大、种皮胀裂后及时播种。

2. 播种时间

黄芪播种有春播和秋播，春播于 4 月上旬进行，播前 1~2 d 进行种子破皮处理；秋播于 9—10 月份进行，可不进行种子破皮处理。

3. 播种方法

黄芪播种方法有种子直播或种苗移栽两种。

种子直播：采用条播方式，行距 20 cm 左右，沟深 5 cm 左右，亩播种量 2 kg 左右。条播时，将种子均匀撒施与行内覆土 2 cm 并轻轻压实。黄芪种子播种后，要保持土壤微湿，或播后及时覆膜保墒，确保种子出苗整齐。

种苗移栽：种苗培育于每年4月或8月进行。育苗时先整理苗床，再将经过破皮处理的种子开沟撒施于床面。沟行距15 cm，覆土1.5 cm，亩播种量3 kg左右。待种苗长至15～20 cm，根直径2 mm以上时，可进行移栽。

4. 移栽

移栽在4月上中旬进行，采用露天开沟斜栽方式或是覆膜露头方式种植，行距50 cm，株距15 cm，倾斜角度约20°，种苗芽头朝田埂一个方向摆放，芽头基本保持在一条直线上。苗尾后方均匀铲土覆盖种苗，覆土厚度约8 cm，芽头及苗尾全部种苗用土覆盖严实。栽后将覆土踩实或镇压紧密，利于缓苗扎根。旱地黄芪种苗移栽最好选择雨后及时赶墒进行，有利于种苗成活。种苗在起苗、运输、播种的过程中需谨慎小心，避免伤到主根。机械损伤的主根移栽后根部多生侧根，俗称"鸡爪芪"，影响黄芪品质产量。种苗移栽每亩保苗约1万株。

（五）田间管理

1. 中耕除草

黄芪出苗缓慢，易生杂草，播种后至出苗期要及时进行中耕除草，保持表层土壤疏松，无杂草胁迫；出苗后应根据种植区的生产实际及时除草，第1次除草一般于5月上中旬进行，不宜深锄，宜浅锄；第2次除草可于6月上中旬进行，此时宜深锄松土，铲除干净行间杂草；第3次除草可于7月中旬进行，清除田间大型杂草。之后可视田间杂草情况进行中耕除草，田边、地埂上的杂草要一并铲除。

2. 水肥管理

黄芪耐旱，但在苗期和现蕾期这两个时期需水量较大，可根据墒情结合追肥适当灌水，亩灌水量控制在50 m³以内。开花期、成熟期不再进行灌溉，避免黄芪茎叶徒长，根部腐烂。底肥充足、土质肥沃的地块，整个生长期可不追肥。土壤贫瘠的地块，根据实际情况在现蕾期和开花后期每亩分别追施尿素10 kg。

3. 摘顶疏花

不采收种子的黄芪，应适当控制黄芪地上部分植株高度，可在6月中下旬至7月下旬在现蕾期将出现的花蕾摘顶或在开花期摘去花序，最好边现蕾边摘顶，以减少养分消耗，促使地下部分根生长，增大根体积，提高黄芪产量，增加种植户经济效益。

（六）病虫害防治

黄芪病虫害防治，遵循"预防为主，防治结合"的植保方针，坚持以农业防治为主，物理防治和化学防治为辅的原则，积极采用轮作倒茬、土壤处理等灭虫防病技术，忌与豆科等易感作物轮作。化学防治方面，使用高效低毒低残留生物农药。

干旱地区黄芪在整个生长发育阶段病虫害相对较少，常见的虫害有蚜虫、黄芪籽蜂及其他一些虫害。蚜虫和黄芪籽蜂一般于6月下旬至7月上中旬发生虫害较为普遍，发生虫害时可以选择使用40%乐果乳油1 500～2 000倍液，或2.5%高效氯氟氰菊酯乳油1 000～1 500倍进行喷施，轻者喷施1次即可，严重者可根据实际情况喷施2～3次，每7 d喷1次；每亩悬挂黄板20～30块诱杀蚜虫和小蜂，期间视虫害情况间隔15～20 d更换黄板1次，共更换3～4次黄板。其他虫害可选用8 000 IU/mg苏金云杆菌可湿性粉剂100～200倍液喷雾，或与禾本科进行轮作、石灰处理土壤进行防治。

黄芪常见的病害有白粉病、根腐病。白粉病一般于7月中下旬至8月上中旬，发病时可采用20%三唑酮乳油500～800倍液喷雾进行防治，7～10 d喷1次，喷施1～2次。根腐病可喷施30%的甲霜·噁霉灵水剂1 200～1 500倍喷雾预防，间隔7 d喷1次，喷施1～2次；其他病害可选用0.3%四霉素水剂500～600倍液喷雾。侵染病害的植株，在发病初期应及时拔出，集中烧毁病残组织，并用石灰对土壤进行消毒。

（七）采收加工

1. 种子采收

黄芪为无限花序，花序下部种子先成熟，上部种子逐渐后熟，加上黄芪分枝较多，开花结果时间不一致，采收时需分期分批进行。黄芪种子成熟时，荚果下垂，应在荚果自然开裂前及时采收，避免过于成熟种子掉落。采收后的荚果，应及时晒干脱粒，去除杂质和有虫蛀及破损种子，装入编织袋中于干燥通风处贮藏。

2. 根部采收

黄芪根部采挖，一般于10月下旬至11月上中旬，待黄芪地上部分枝叶干枯时进行。采挖时先割去地上茎秆，然后将根部全部挖出。黄芪根深，采挖时注意从头挖出新面，切勿将根挖断，避免造成人为的损失。采挖的黄芪根条，除去杂质，抖去泥土，修去芦头及须根，放阳光下晒至七八成干时，切厚片，晾晒、清洗、分级加工。

三、应用价值

黄芪药用价值较高，应用广泛。医学上以其根入药，味甘，性微温，归肺、脾、肝、肾经，具有益气固表、补气养血、托疮生肌、利水消肿、降血压、抗肿瘤等功效。主要用于治疗体虚自汗、盗汗、血痹、内伤劳倦、脾虚泄泻、气虚、血虚、体虚浮肿、慢性溃疡、痈疽不溃或溃久不敛、慢性肾炎、蛋白尿、食少便溏、血虚萎黄等症，常与党参、白术、柴胡、甘草、白芷等中药材配伍同用。

黄芪有效成分黄芪多糖，与抗肿瘤药物合用，有增功减毒的作用。黄芪多糖中关键药用成分为黄芪苷，包括黄芪苷Ⅰ、黄芪苷Ⅱ、黄芪苷Ⅳ有3种，其中黄芪苷Ⅳ即黄芪甲苷生物活性最高，在增强免疫力、抗病毒、抗疲劳、抗突变、抗肿瘤、保护肝功能方面的效果远远高于黄芪多糖，药用效果甚至可达黄芪多糖几十倍。

第二节　党参栽培技术与应用价值

一、植物特征

（一）形态特征

党参（*Codonopsis pilosula*），为桔梗科党参属多年生草本植物，具乳汁。茎基具多数瘤状茎痕，根肥大呈纺锤状或纺锤状圆柱形，长 1~2 m，缠绕匍匐生长，不育或先端着花，黄绿色或黄白色。叶互生，呈卵形或狭卵形，叶上面呈绿色，下面呈灰绿色，叶柄有疏短刺毛，叶缘具波状钝锯齿。花单生于枝端，花冠上位，阔钟状，黄绿色，内具紫斑，浅裂，裂片呈正三角形，花丝基部略扩，花药近长形，柱头白色刺毛。蒴果上半部矮锥状，下半部半球状，种子多数，细小，卵形无毛。7—10 月开花结果。

（二）生物特征

党参为深根性植物，喜光照、喜透气、耐旱、耐寒，适应性能力强，适宜生长在耕层深厚、土质疏松、排水良好的中性或微酸性沙质壤土中，忌连作，至少轮作 1 个生长周期。多生长在高海拔昼夜温差大的冷凉气候区，自然分布广泛，在我国多地均有栽培，不宜种植在昼夜温差小的低海拔区域。党参生长周期较长，一般为 2~3 年，通常生产实际中以 3 年生党参为佳。此时根茎庞大、糖分累积量高，同时种子饱满、发芽率高，可达 90% 以上。

二、栽培管理

（一）品种选择

党参在我国各地多有分布，且不同的种植区因其自然资源的不同，其称谓也各有特色，如潞党、凤党、庙党、威宁党、晶党、板党、纹党和白条党等。其中潞党以山西种植较多，凤党以陕西有少量野生资源，晶党和庙党以四川、重庆种植为主，威宁党参以贵州种植较多，板党以湖北种植较多，纹党和白条党在甘肃文县和渭源县大面积栽培。党参栽培应选择丰产性好、适合当地气候环境的品种。干旱、半干旱荒漠区可选择白条党参系列品种。

（二）选地整地

党参根系发达，人工大量栽培时需选择耕层深厚、肥力中上、地势平坦的沙质壤土，低洼积水地、盐碱地及黏土、黏质壤土地对其生长不利。党参种植前茬作物以豆科或禾本科作物为好，种前需将土地深翻，休耕地块可在伏天连耕 3 次，清除杂草，耙细整平，使土壤充分熟化和自然消毒或封闭消毒。

（三）施肥

党参喜肥沃土壤，需肥量较高。底肥结合秋冬翻地同时进行，或种苗移栽定植前整地时施入。基肥用量亩施充分腐熟农家有机肥 3 000 ~ 4 000 kg、磷酸二铵 20 kg（或尿素 25 kg），硫酸钾 8 kg。

（四）繁殖方法

党参以种子进行繁殖，通常采用育苗移栽方式进行播种。

1. 育苗

党参育苗地选背阴地块，施足底肥，耙细整平苗床，播前浇透底水。选择当年收获的 3 年生党参种子，经过催芽露白后均匀撒播在苗床上，用细耙整体将苗床浅耙 1 遍，浅耙深度 5 cm 左右。党参幼苗喜湿润、惧强光、需遮阴，播种至出苗阶段不仅需要保证水分充分，而且播后要覆盖 1 层疏薄的小麦秸秆遮阳。待党参苗齐长出 3 ~ 4 片真叶后，可撤去覆盖物，并适当间苗、除草，促进幼苗健壮生长。

2. 种苗筛选

党参种苗应选择长势良好、无病虫感染的 1 年生优质幼苗。待党参幼苗株高至 15 ~ 20 cm、根直径达 2 ~ 4 mm，可起苗移栽。起苗时避免损伤党参根部。

3. 移栽定植

党参幼苗移栽应在 3 月下旬至 4 月中上旬，待土壤完全解冻后边挖种苗边移栽。采用开沟方式进行移栽，沟深 25 ~ 35 cm，行距 20 cm，株距 10 cm。移栽时将种苗顺同一方向斜放于同一沟侧，苗头向上露出地表 3～5 cm。一行摆放完后，按照行距继续开沟，用第二沟的土覆盖前一沟的种苗根部，依次进行，栽植几行后及时耙平地面并适当镇压土壤。当天未栽植的种苗，捆成小把埋放于 10～15 cm 深坑内，浇灌少量水保持坑内湿润。每亩用种苗 30～40 kg。定植后可保持土壤略微湿润即可，不宜过湿。

（五）田间管理

1. 中耕除草

参苗移栽后土壤水分状况良好的情况下 30 d 左右即可出新芽，新芽出土后需及时进行中耕除草，此时宜浅锄松土，防止伤害苗芽。参苗幼苗期可进行 3 次中耕除草，第 2 次和第 3 次分别于参苗茎蔓长至 10 cm 和 25 cm 时进行，每次除草注意避免伤及苗根和苗芽。参苗茎蔓封垄后，不宜再进行中耕除草。对于大型杂草，可将其根缓缓拔出或将茎蔓从茎基部剪断，留在原地待其自然干枯。也可在移栽的同时覆盖黑色地膜防治杂草，覆膜种植的待党参出苗后要及时破膜放苗，并用细沙覆盖破口，避免烧苗。

2. 追肥

党参生长周期长，每年 6—7 月进行叶面喷施追肥，主要是磷酸二氢钾。通常开花期叶面喷施 0.2%磷酸二氢钾 3～4 次，每次间隔 10 d。生长后期一般无须进行灌溉、追肥。

3. 搭架

党参苗茎蔓长至 30～35 cm 高时需进行搭架，使茎蔓沿爬架向上生长，增加茎蔓与空气、阳光的接触面积，增强田间透光性、透气性。架材选用成本低廉的树枝或竹竿即可。

4. 打尖

党参在 6—7 月份进入生长旺盛期，为促进党参根茎肥大，控制茎蔓过度生长消耗养分，需将株高大于 35 cm 的茎蔓尖端掐掉 15 cm 的长度，俗称"打尖"，每个生长旺盛期根据实际情况可打尖 1～2 次。

5. 疏花

党参花朵密而多，不收获种子的参田及 1 年生、2 年参苗开花前期要及时摘花疏花，集中养分于根部生长发育。

（六）病虫害防治

因党参具有芳香气味，党参生长后期要经常观察田间有无鼠害、虫害。中华鼢鼠是党参田主要鼠害，可采用机械防治方式控制鼠害；还有部分常见地下害虫如金针虫、蛴螬等啃食党参根茎部位，严重者可将根部横断面整体切断。可在移栽前对采用0.4%氯虫苯甲酰胺悬浮剂600 g拌细土10 kg进行土壤处理，也可使用6%苦参碱水剂1 000~1 500倍液喷雾防治。覆膜栽培的党参还有根腐病、锈病等病害，对已发病严重的参苗，需连根拔起，并使用石灰对土壤进行消毒处理，对未发病的或轻微发病的可使用0.3%四霉素水剂600~1 000倍液喷雾防治，确保党参高产高效栽培。

（七）种子收获

党参最好收获第3年的种子。收获时先割下地上茎蔓，放置晾晒场晒干碾压除去杂质，再将放种子装袋存放于干燥阴凉通风处。种子采收通常于10月中下旬待种子颜色呈黄褐色时进行。

（八）根茎采挖

党参种子采收后7~10 d可进行根茎采挖。大面积栽培种植的党参采用大型机械采挖，小面积种植的人工采挖。当天采挖的党参根茎要及时转运至晾晒场晾晒，去除病根、残缺根等后将根茎表面泥土用清水冲洗干净，按照根茎粗细、长短分级放置，头尾理齐，摆放整齐摊于干净地面晾晒。待党参根茎晾至七八成干后，揉搓，使其外皮与木质部贴合紧密，再继续晾晒，如此反复揉搓—晾晒3~4次，直至晒干为止。

（九）贮藏

当年采收晒干的党参须放在通风干燥处贮藏，及时出售，严防受冻受损。若不能及时出售，需在贮藏室周围撒施一圈生石灰，并用木板悬空垫在地下或置于货架上，防止党参返潮发霉。党参摆放时四周与墙壁间隔1 m左右，仓库内温度保持5~10 ℃，可放置1~2年。

三、应用价值

党参以根入药，是临床和保健常用中药材，具有补中益气，健脾益肺之功效，主要用于脾胃虚弱、肺虚喘咳、气短自汗、食少便溏、虚喘咳嗽、内热消渴等疾病的治疗。党参活性成分种类复杂，主要有生物碱、木酯素类、黄酮类化合物及多糖等，此外其中党参含有人体7种必需氨基酸和钾、钠、镁、锌、铜和铁等多种矿质元素及维生素B_1、维生素B_2等，具有保护神经系统、调节血糖、增强机体免疫、调节胃收缩、抗肿瘤、抗氧化、抗应激、抗疲劳、抗溃疡等作用，滋补功效良好。在保健食品、调理食品中也广泛应用。

第三节 柴胡栽培技术与应用价值

一、植物特征

（一）形态特征

柴胡（*Bupleuri radix*），为伞形科阿米芹族属多年生草本植物，株高 35～90 cm，主根粗大呈圆柱形，分枝或不分枝，外皮呈褐色或土黄色，质地坚硬带脆。茎直立，单一或丛生，基部略带木质化，上部多分枝，茎生叶互生，叶片无柄呈条状倒披针形，平滑无毛，叶长 5～10 cm、宽 0.5～1.5 cm，有平行脉 7～9 条，背面具粉霜。花呈伞形，鲜黄色，花序较小，腋生兼顶生，花期为 8—9 月；果实双悬果，呈扁平椭圆形，分果有 5 条明显主棱，果期为 9—10 月。

（二）生物特征

柴胡喜温暖，耐旱性和耐寒性较强，不耐水涝，生长周期 2～3 年，对生态环境的适应性广泛，常见于海拔 1 500～2 000 m 的山地、丘陵地或荒坡地、森林边缘处，自然分布于我国湖北、山东、四川、甘肃等地，现多地已进行人工栽培。人工种植可选择肥沃疏松的沙土地或沙壤土地，黏土地、盐碱地及排水不良的地块不宜种植。

二、栽培管理

（一）品种选择

柴胡品种较多，我国目前发现的有 36 种，多分布在西北和西南地区。西北地区生长的柴胡被称为北柴胡，又称竹叶柴胡或柴胡；西南地区的柴胡被称为南柴胡，别称狭叶柴胡或红柴胡。目前常用的优良品种有狭叶柴胡、大叶柴胡、柴胡。荒漠地区柴胡栽培品种应根据当地气候特点、栽培环境和市场需求，选择适应力强、品质性状优良、抗病力强的柴胡品种进行栽培种植。北方荒漠区人工主栽品种有柴 1 号、柴 2 号等北柴胡品种。

（二）选地整地

柴胡为根类药材植物，一般选择地块平整、沙砾细小、排灌方便、土层深厚的丘陵或平原沙质壤土地。整地时要深耕细作，同时每亩施入充分腐熟的农家肥 2 000～3 000 kg、磷酸二铵 5 kg，深翻混入土壤后，整细耙平做畦或起垄。畦宽 1.0～1.3 m，具体根据地膜宽度确定，垄宽 30 cm 左右，在畦面或垄面开沟撒播，沟深 2 cm。雨水充足、浇灌不便的半山坡地，直接采用平作开沟方式种植，沟间距 15 cm，沟深 2 cm。为经济实惠，可将柴胡种植在全膜双垄沟玉米地上，即玉米收获后无须揭扯地膜、翻耕土地，第 2 年可直接在旧膜上种植柴胡，种植时将地膜破损处用细土盖严，或是在地膜上覆盖玉米秸秆，保证土壤墒情。

（三）种子处理

柴胡种子较小，寿命较短，播种时需选择生长 2 年以上的健壮植株采收新种子。隔年陈旧种子发芽率较低，影响生产效益。当年收获的种子种胚尚未发育完全，呈休眠状态，需对种子进行打破休眠处理，促进种子完成胚成熟，促进种子萌发，提高种子发芽率。

柴胡种子处理方法通常有沙藏处理、激素处理、药剂处理等。

（1）沙藏处理。在播种前将种子用 40 ℃温水恒温浸泡 1 d，去除瘪粒、坏粒与湿沙混合，于 25 ℃左右的条件下催芽至种子裂口露白后进行播种。种子与湿沙的混合比例为 1∶3。

（2）激素处理。采用 0.8~1.0 mg/kg 细胞分裂素（6-BA）浸种 1 d 打破种子休眠。浸种结束后用清水将种子冲洗多遍，冲洗干净后再进行播种。

（3）药剂处理。采用 0.1% $KMnO_4$ 溶液浸种 0.5 h，再用纯净水冲洗 3~4 遍方可播种。

（四）播种

1. 播种时间

柴胡播种分为春播和秋播两个时期。春播于 4 月中下旬至 5 月上旬进行，秋播于 8 月上旬至 10 月上旬进行。

2. 播种方式

柴胡种植方式可采用种子直播和育苗移栽 2 种方式。

（1）种子直播。多用于大面积生产，春季和秋季均可进行，播种前用草木灰混合拌种。春季播种需进行种子催芽处理，秋季播种则无须催芽。播种时，开沟播撒柴胡种子，并覆盖上 0.5 cm 左右厚的土，稍加镇压，保墒保肥，播种太深影响种子出苗，播种量每亩 2.5~3.0 kg。

（2）育苗移栽。柴胡育苗一般于 3 月上旬进行，在预先整理好的苗床开沟条播，行距 15 cm、沟深 1 cm，覆土后稍加镇压，缓缓喷湿地表，覆盖地膜或秸秆保温。柴胡播种后约 20 d 可破土出苗，苗齐后去除覆盖物中耕除草。柴胡幼苗高 5~7 cm 时，可进行移栽，移栽株行距 10 cm×15 cm。植苗后浇 1 次定根水，促进柴胡幼苗扎根生长。

（五）田间管理

柴胡移栽后要加强田间管理，及时间苗、定苗，中耕松土，根据生长情况进行追施肥、灌溉、除薹、摘蕾。

1. 间苗定苗

大田种子直播在苗高 6 cm 左右时，可根据生长情况进行间苗，有灌溉条件的需及时浇水，有助于蹲苗，同时对空缺处进行补苗。在柴胡幼苗 10 cm 高时进行定苗，条播地每隔 8～10 cm 保留健壮幼苗 1 株。间苗和定苗一定程度上能够有效提高柴胡的产量和品质。

2. 中耕除草

柴胡幼苗生长速度较慢，刚长出的柴胡幼苗细弱，抵抗力差，易杂草丛生，胁迫幼苗生长，需适时松土除草。柴胡幼苗期需进行 3～4 次中耕除草，促进幼苗生长，后期根据柴胡生长情况进行中耕除草 2～3 次。松土除草过程避免损伤幼苗根系和茎枝。

3. 控茎促根

柴胡茎秆细弱，大风暴雨天气容易造成倒伏。除了中耕松土促进柴胡生长外，为了防止前期柴胡徒长，需要通过打顶抑制茎秆生长，促根部发达。打顶在株高达到 40 cm 左右时进行，同时还需将基部丛生茎芽及时去除，更加促进根部粗壮。

4. 追肥

柴胡在播种和移栽前施足底肥，可满足其第 1 年生长发育的养分需求，无须再进行追肥。种植第 2 年可追肥 2～3 次，第 1 次追肥于春季苗高 30 cm 左右时进行，每亩施腐熟农家肥 2 000 kg、尿素 4 kg，膜间开沟撒施覆土后灌溉；第 2 次追肥在柴胡开花前进行，每亩随水灌溉尿素 10 kg。第 2 年不进行采种的柴胡田，需在开花前摘除花蕾，以促进地下部生长发育。

5. 水分管理

柴胡苗期需水量较大，为保证出苗整齐一致，墒情不好的的地块播种后及时灌溉 1 次，出苗后可根据情况浇水灌溉。每次灌溉需控制灌水量，避免柴胡因水涝导致根部腐烂，植株发育不良甚至死亡。荒漠地区雨水稀少，无灌溉条件的地块最好趁雨后土壤水分良好时进行播种。

6. 病虫害防治

荒漠地区夏季高温高湿雨季柴胡易发生锈病、斑枯病、蚜虫等病虫害，多采用合理轮作、增施农家有机肥等农业预防措施。

锈病发病期可采用25%的三唑酮乳油1 500～2 000倍液或25%氟硅唑咪鲜胺可溶性液剂1 000～1 200倍液交替喷雾防治，斑枯病可采用50%退菌特可湿性粉剂1 000倍液或25%吡唑醚菌酯悬浮剂800～1 000倍液喷雾防治，连续喷施2～3次，每隔间隔7～10 d。

柴胡幼苗期、春季返青期及初夏高热时，易被蚜虫侵害，可在柴胡播期或秋后地上部分干枯后喷施20%噻虫胺·吡蚜酮悬浮剂2 000～2 500倍液封闭处理。柴胡生长期间蚜虫发生严重时可采用10%吡虫啉可湿性粉剂1 000倍液进行喷雾防治。

（六）越冬管理

10月下旬北方荒漠区气候变冷，柴胡地上部分黄化枯萎，停止生长开始休眠越冬。休眠越冬期间严禁放牧，避免踩踏伤害柴胡地上干枯植株，影响来年开春返青。需在这一阶段浇灌越冬水，保证土壤墒情满足柴胡春季返青水分需求。

（七）采收加工

1. 根部采收

柴胡以根入药，为了增加经济收入，通常柴胡生长2年便采挖。实则3年生的柴胡品质和产量均高于2年生柴胡。10月中下旬是柴胡采收的最佳时节，采收时先将地上茎叶割去，然后完整地挖出根部，抖去泥土带回晾晒场加工。采挖的过程中尽量避免对根部造成损伤。

2. 茎叶采收

柴胡除根部入药外，茎叶也可入药。1年生和2年生柴胡茎叶在秋季即将枯萎时进行割取，晒干备用。

3. 加工

为保证中药材柴胡品质，采收的柴胡需及时进行加工处理。新鲜采挖的柴胡清洗干净后放置空旷处晾晒，防止霉变虫蛀；待晾晒至七八成干时除去须根杂质，扎成一小把一小把后继续晾晒，待晾晒充分折断有松脆声后可进行商品加工。

三、应用价值

（一）药用价值

柴胡以干燥根和茎叶入药，其性辛、微寒，味苦，归肝、胆经，具有解表退热，疏肝解郁，疏肝升阳的功效，主要用于疏肝解郁、气机郁阻、中气不足、气虚下陷等证，可治疗风热感冒、发热、头痛、胸胁胀痛、月经不调、痛经、子宫脱垂、脱肛、疟疾寒热、食少倦怠等症。柴胡含有皂苷、黄酮、多糖、挥发油类等多种药用成分。皂苷具有抗炎作用，可抑制多种炎症及其导致的肿胀，还调节人体代谢抵抗病毒；多糖具有降血脂，提升人体免疫机能的作用；黄酮类物质具有一定抗肿瘤作用，可以保肝利肝，保护心血管；挥发油具有解表退热作用，可以调节降低机体体温。

（二）工业价值

随着医学的发展，医学研究者对柴胡及其活性提取物的药理作用研究也极为深入。目前，柴胡除用于中药外，其提取物已研发多种临床药用制剂。如小柴胡颗粒临床常用于治疗轻微的发热、口苦咽干、食欲不振、呕吐等病症；柴胡舒肝丸临床常用于治疗慢性乙型肝炎、慢性肝炎、肝炎；柴胡注射液用于流行性感冒及疟疾等；柴胡桂枝干姜汤用于治疗胸胁胀满微结、小便不利等证。

第四节　秦艽栽培技术与应用价值

一、植物特征

（一）形态特征

秦艽（*Gentiana macrophylla*），为龙胆科龙胆属多年生草本植物，株高 20～60 cm。主根粗长，呈圆柱形或圆锥形，具须根，中部扭曲呈螺纹状，部分有分枝。茎直立或斜生，基生叶多丛生，无柄，叶片披针形或长圆披针形。花为头状聚伞花序；花期 7—9 月。蒴果呈矩圆形，果期 8—10 月，种子椭圆形，深黄色。

（二）生物特征

秦艽喜冷凉，耐干旱，耐寒冷，忌强光，怕积水，常见于山坡草地、荒漠草甸、高寒林下及河滩、路边等沙质壤土中。野生秦艽分布地域广泛，在海拔 1500～3500 m 的冷凉气候地带均有分布，主要分布在我国华北、东北、西南、西北地区，主产于甘肃、青海、内蒙古、宁夏、新疆等地，在甘肃、内蒙古人工栽培较多，栽培环境非常适宜，可以安全越冬，并在-25 ℃条件下生长依旧良好。

二、栽培管理

（一）良种培育

人工栽培秦艽要选择丰产高产的优良品种。目前秦艽栽培种多为达乌里秦艽，如麻花秦艽、粗茎秦艽、小秦艽等。

优良种质收集：首先是种子采集。选择 3～5 年生秦艽田做种子田，收获种子时选择生长健壮、无病虫、品种较纯的植株，成熟一批采收一批。采收后将果穗晾晒充分干燥后，脱粒风选储存于干燥阴凉处。其次是种苗选育。常用的有选株法，即从新培育的秦艽种苗中选取植株高大、长势良好且无病斑、无虫蛀的优质苗单独栽培，待来年春天萌芽前，将这批秦艽种源挖出，分选根茎粗大、外表完整的壮根，移栽至栽培大田中。

当年培育、移栽的种苗不留种、不取种。

（二）选地整地

秦艽人工栽培地宜选择在地势较高、较为平坦且不易积水、土质疏松肥沃的沙质缓坡地、向阳地。前茬作物以小麦、玉米、青稞等禾本科作物或大豆、豌豆等豆科作物为宜。前茬作物收获后进行深耕整地并施入底肥，亩施腐熟的有机肥 3 000 kg，将土肥翻混均匀、整平、耙细，做平畦，畦面宽 1.2 m，高 20 cm，有灌溉条件的地块可做高畦或起垄，种植前 1 周亩用 300 亿个孢子/g 球孢白僵菌可湿性粉剂 500 g 与 10 kg 细土（沙）沙拌成菌土（沙）均匀撒施，进行土壤消毒处理。

（三）繁殖播种

秦艽繁殖通常有育苗移栽和种子直播两种方式。

1. 种子处理

因秦艽种皮略厚，播种前需要用温水浸泡 24 h，或是用干净的细沙摩擦种皮表面的蜡质层，或用 0.05% 赤霉素溶液浸种，提高种子发芽率。待种子发芽露白后进行播种。

2. 育苗移栽

（1）育苗时间。秦艽于 3 月中上旬开始整理苗床育苗。

（2）育苗。秦艽育苗地应选择避风背阴、交通畅通、管理方便的小温室或小拱棚内进行，育苗地深翻平整做畦，将处理过的种子均匀撒在畦面上，用筛子轻轻覆土或细沙 0.5～1.0 cm 厚，并用木板轻拍压实畦面后覆盖遮阴浇透水。覆盖物可用黑色地膜或秸秆，不仅保湿还可防治杂草。

（3）苗床管理。秦艽播种后，约 20 d 种子便可发芽出苗。出苗期适当浇水，保持床面湿润，苗床温度控制在 20 ℃左右，若温度太高需打开通风口适当通风降温，避免烧苗或徒长。当苗长出 5~6 片叶后，选择天气晴朗时揭去遮阳网，让幼苗生长逐步适应自然环境的变化。育苗过程中有杂草应及时清除。

（4）移栽。秦艽 1 年生苗即可移栽。春季和夏季均可移栽，春栽于 4 月中上旬进行，秋栽于 10 月上旬进行。移栽前应将土壤整平施入底肥混匀，一般亩施腐熟农家肥 3 000 kg、磷酸二铵 50 kg，可根据土壤肥力情况适当增减。移栽时按照株距 10~15 cm、行距 20 cm左右开沟移栽，苗头露出地面。

3. 种子直播

秦艽种子直播分为春播和夏播。春播于 4 月上中旬进行，夏播于 6 月上中旬进行。将处理的种子与干净的细河沙混匀，均匀撒播在畦面上，用细筛覆土或沙 1 cm 厚加盖覆膜。也可按照沟距 20 cm、沟深 1~2 cm 进行条播或穴播，然后覆土或细沙镇压，加盖地膜或秸秆。种子直播亩播种量一般为 0.5~0.8 kg。

（四）田间管理

大田秦艽一般采用全地膜覆盖栽培技术或覆草栽培技术，播种移栽约 1 个月，及时查苗补苗，待出苗整齐后，撤去覆盖物，适当浇水追肥。种子播种后每隔 20 d 微灌 1 次，以畦面刚刚湿润为好。秦艽封垄开花前，进行 1 次中耕除草，除去大型杂草，后期可根据田间杂草情况适时除草。秦艽封垄后，在雨前或随水灌溉追肥，每亩追施复合肥 15~20 kg；开花期，可喷施 1~2 次叶面肥，每次亩喷施 0.2 kg 水溶性尿素和 0.1 kg 磷酸二氢钾。

（五）病虫害防治

秦艽病害多发生在高温高湿季节，主要有根腐病、叶斑病和锈病等。虫害相对发生较轻，一般在苗期气温回升时有蚜虫为害，后期或有蛴螬和地老虎、金针虫等为害。关键是在播种移栽过程中对土壤、种子、种苗进行消毒处理，生长期间要及时观察做好田间管理并及时清理病株。

根腐病和锈病为土壤病害，多发生于 6—8 月。叶斑病主要在种苗越冬过程中易感染，4 月中下旬开始发病，可通过轮作倒茬、间作套种、增施有机肥、土壤消毒处理等措施进行预防，增加土壤有益微生物种群，减少秦艽自毒物质，改良土壤环境。生长期病害发生严重时，可用喷施 15%噁霉灵可湿性粉剂 1 200~1 500 倍液、10%苯醚甲环唑水分散粒剂1 000~1 500 倍液交替或联合喷雾防治或灌根处理，连续防治 2~3 次，每次间隔 7~10 d。

蚜虫发生初期，可施用 0.5%藜芦碱可溶性液剂 400~600 倍液、1.8%阿维菌素乳油

800~1 000 倍液进行防治。蛴螬、地老虎、金针虫可通过土壤处理、深翻耕、中耕除草等方式进行防治，降低虫口密度。

（六）采收

1. 根部采收

秦艽以根入药，通常种子直播田采挖3~4年生秦艽，育苗移栽田采挖2~3年生秦艽。在10月中下旬待秦艽地上部分枝叶枯黄后，将根挖除剪去茎叶，抖净泥土，带回晾晒场。机械采收时，尽量保证全根部免受损伤，降低药材质量。

2. 种子采收

秦艽种子采收与根部采收同年进行。秦艽种子5—6月开花结果，直至9月种皮外壳呈金黄时，完全成熟可进行采收。

（七）加工

采收的秦艽根部，清洗干净后放置晾晒场，晾至主根七八成干、须根完全干燥后，堆积发汗3~5 d，待其颜色转黄色时，持续摊开晾晒至完全干燥。晾干的根按商品规格标准分等定级扎成小把，贮存于阴凉、通风、干燥处，防止虫蛀和霉变，保证药材质量。

三、应用价值

秦艽为多年生根茎类中药材，味辛、苦，性平，归胃、肝、胆经，具有清风祛湿、退热止痛的功效。秦艽富含多种药用成分，特别是生物碱成分，有龙胆碱（龙胆碱甲、龙胆碱乙、龙胆碱丙）等，不仅有镇静、抗炎之功效，还可在短时间内降低血压，临床医学上常用于治疗阴虚内热、经脉挛急、骨节酸痛、风湿痹痛和小儿疳积发热等疾病，并可调节减慢心率，属天然类药物。

第五节　麻黄栽培技术与应用价值

一、植物特征

（一）形态特征

麻黄（*Ephedra sinica*），为麻黄科麻黄属多年生灌本植物，株高约40 cm，主根弯曲，根皮呈红棕色，横断面呈淡黄色，根茎具节具须根，长度近于株高。茎木质横走，基部多丛生，呈匍匐状，茎长可达 3 m，小枝略弯曲具纵棱，触感粗糙。雌雄异花，雄花复穗状具梗，雌花红色呈卵圆状，单生于新生枝顶端，成熟期具肉质苞片，花期 5—6 月。浆果宽卵形，具种子 1~2 粒，黑红色，成熟期 8—10 月。

（二）生物特征

麻黄属于旱生植物，喜沙砾石质或沙质草原，常见于沙质荒滩、山地丘陵、沙地平原等地，分布范围广，在我国吉林、辽宁、河北、山西、宁夏、内蒙古等多地均有生长，耐高温、耐干旱、抗风蚀、耐沙埋、耐盐碱，适应性极强，是干旱、半干旱地区生态建设的主要建群种之一，粗壮的根系和发达的横走茎，对水土保持、土壤侵蚀防控、荒漠化治理具有显著的效果。

二、栽培管理

（一）良种培育

麻黄种子一般从 3 年生以上的麻黄田收获，收获种子时选择生长健壮、无病虫、品种较纯的植株。采收后将果荚晾晒充分干燥后，脱粒除杂，储存于干燥阴凉处。扦插繁殖的茎条和根蘖繁殖的根段，采用选株法，即从生长健壮、长势良好且无病虫害的优质麻黄植株上截取，并单独培育，待来年春天返青前，移栽至生产大田中。

（二）选地整地

麻黄种植栽培宜选择在地势较为平坦、排水良好的沙土或沙质壤土，向阳地，不宜种在黏性土壤和地下水位较高的地块。在播种当年春季或前一年秋季，进行深耕整地并施足底肥，亩施充分腐熟的农家肥 3 000~5 000 kg、氮肥 10~15 kg、磷肥 40 kg，将土肥翻混均匀、整平、耙细、压实。育苗地需做苗床，苗床长 10 m、宽 1.5 m。为防治地下病虫害，结合整地对土壤消毒，用 400 亿/g 枯草芽孢杆菌制剂 200~500 倍液喷施或用 400 亿/g 枯草芽孢杆菌制剂 1.5~3.0 kg 拌细土 10 kg 撒于苗床表面。

（三）繁殖播种

1. 繁殖方法
麻黄繁殖通有种子繁殖、分蘖繁殖及扦插繁殖 3 种方式。

（1）种子繁殖。播种前先将麻黄种子用1%硫酸铜浸种3 h或60 ℃左右的烫水浸种24 h后，或用62.5 g/L精甲·咯菌腈种衣剂悬浮剂按照1：300进行拌种，晾至微干立即播种，以提高种子出苗率，防治种子病害。

（2）分蘖繁殖。麻黄多分枝，丛生，根系萌蘖能力极强，通常生产中也选用根部分蘖繁殖。选择生长健壮、无病虫害的麻黄植株，将其根完成的挖出来，剪成5 cm长的小根段，进行栽植。

（3）扦插繁殖。麻黄不仅根萌蘖能力强，其茎条繁殖能力也很强，通常选用生长健壮的当年生茎条，剪成10~15 cm的长段，用100 mg/L生根粉溶液浸泡处理后栽植。

2. 育苗移栽

（1）育苗时间。麻黄适宜生长在16~22 ℃环境，一般于4月中下旬晚春时节开始播种育苗。

（2）育苗。麻黄种子育苗一般选择在灌溉后或雨后进行播种，播深1 cm，行距30 cm，亩播种量1.5~2.0 kg，播后轻轻镇压覆膜，约1周出苗。根段和茎条按照株行距15 cm×30 cm的间距进行栽植，栽植时露出地表2~3个节间，栽植后保持苗床湿润，20 d左右可抽出新芽。

（3）苗床管理。麻黄幼苗期间，保持床面湿润，1周左右喷灌1次，幼苗抽芽后，减少灌水量和灌溉次数，土壤封冻前灌足越冬水。麻黄幼苗生长缓慢，育苗期间要及时清除行间杂草、勤松土，分别在苗齐后30 d和60 d，随灌溉亩追施氮肥5 kg、10 kg。

（4）移栽。麻黄苗培育第2年便可移栽，于春季4月上旬至5月上旬麻黄未返青时进行，移栽时选择根长>20 cm、根直径>0.25 cm的大苗。移栽前应将苗床灌足底水，趁土壤湿润，沿着苗垄开沟，逐行顺垄起苗，起苗过程注意挖全植株根部，避免挖断根。起好的苗按照等级扎捆移栽，当天未栽完的苗子需假植，保持根部湿润。开沟移栽，株行距15 cm×40 cm，栽植深度以根茎后露出地表3 cm左右为宜，栽植时将苗根部摆直，不弯曲，不堆根，不漏根，并踩实土壤。栽后及时灌溉保湿，促进幼苗扎根。

（四）田间管理

麻黄栽植后，每隔7 d左右，灌溉1次，保证缓苗期灌溉4~5次。幼苗成活后，再灌溉2~3次，栽植第2年可减少灌溉次数，整个生长期灌溉3~4次即可，早春萌芽水、早冬越冬水必须灌足灌透。夏季雨季多注意观察，大雨过后及时注意田间排水，防止积水烂根。定植后每隔1年，于春季4月上旬在行间追施农家腐熟肥，每亩撒施2 000~3 000 kg，浅翻灌溉。氮、磷、钾肥可根据田间地力情况，移栽3年后，在生长旺盛期进行随水追施，追肥以有机肥为主，化肥为辅。麻黄根部生长迅速，每年需根据地里杂草情况，中耕除草两三次，保持田间土壤疏松透气，有助于麻黄生长。中耕松土时注意避免伤及根系，根区周围的杂草用手拔除。

（五）病虫害防治

麻黄病虫害较少，通常蚜虫为害较多，可通过土壤处理、深翻耕、中耕除草等方式进行防治。病害发生严重时，可采用 0.5%藜芦碱可溶性液剂 400～600 倍液、1.8%阿维菌素乳油 1000 倍液等生物农药进行防治。

（六）采收

1. 茎叶采收

麻黄以茎叶入药，通常在秋季 10 月中下旬进行茎叶刈割，根茬保留高度以 3～5 cm 为宜，留茬过高或过低，均会影响麻黄下一年萌蘖再生，进而影响药材产量和品质。第 3 年的麻黄中麻黄碱含量最高，此后逐渐下降，可通过施肥、灌溉等田间措施提高麻黄碱含量。中生麻黄一般 2 年采收 1 次，药材品质较高。

2. 种子采收

麻黄为雌雄异花，3 年生麻黄才开始开花结果，结实率较低。种子田需注意适当调整雌雄株比例，并人工干预授粉，提高种子结实率和籽粒饱满度。通常在秋季 7 月下旬至 8 月中上旬进行种子采收，避免种子过度成熟脱落。

（七）加工

刈割的麻黄茎叶（麻黄草），带回晾晒场除去杂质、泥土，通风晾干后贮存于阴凉、通风、干燥处，防止虫蛀和霉变，保证药材质量。

三、应用价值

麻黄为多年生根茎类中药材，味辛、微苦，性温偏润，归胃、肝、胆经，具有发汗解表、宣肺平喘、利水消肿的功效。麻黄草富含麻黄碱、利尿素、维生素、氨基酸、挥发油及多种微量元素，有发汗、解热、利尿、抗炎等功效，可引起神经兴奋，临床医学上常用于治疗风寒感冒、胸闷咳喘、风湿阴疽、抑制病毒、收缩血管、缓解支气管炎、通风痰咳、尿道炎等疾病，与桂枝等药物搭配，对肺部疾病的治疗具有很好的效果。

第六节　苦豆子栽培技术与应用价值

一、植物特征

（一）形态特征

苦豆子（*Sophora alopecuroides*），为豆科属多年生灌木植物，株高约 60 cm，主根细直，侧根多密。茎直立，上端多分枝，枝叶密被短状绢毛，呈白色。全缘羽状复叶，奇数互生，呈宽圆形。总状花序，花多数，紧密排列，顶生于分枝，呈白色或淡黄色，花期 5—6 月。荚果，内含种子多粒，呈扁球形，褐色，果期 8—10 月。

（二）生物特征

苦豆子根系发达，繁殖速度快，生命力顽强，耐干旱、耐盐碱、耐严寒、抗风蚀、耐沙埋性能极强，广泛分布于我国西北干旱荒漠地区，常见于宁夏、甘肃、新疆、内蒙古等地的沙漠、荒滩、路旁、荒漠草原，是干旱荒漠地区荒漠化防治、生态恢复保持的理想物种，不仅可以防风固沙，还可以固定空气中的氮素，改良培肥土壤。

二、栽培管理

（一）采种、选种

苦豆子栽培种多采集于野生苦豆子，选择植株健壮、长势良好、无病虫害、果实饱满、成熟度好的荚果采集，待荚果干燥后用碾子碾压或棍棒敲打将种子脱粒除杂，装布袋中储存于阴凉干燥通风处。

（二）选地整地

苦豆子适宜种植在沙漠、荒滩等沙土或沙质壤土或中轻度盐碱地中，不适宜在透气性能不好的黏土或重盐碱地中种植，忌水涝。在播种当年春季 3 月中上旬整地，深翻耕 30 cm，并施入底肥，亩施充分腐熟农家有机肥 3 000 kg、氮肥约 5 kg、磷肥约 7.5 kg、钾肥 1.2 kg，将土肥翻混均匀、整平、耙细、压实，用 50%多菌灵可湿性粉剂按照 1∶250 的比例拌土，进行土壤消毒处理。

（三）繁殖播种

苦豆子采用种子直播的方式进行繁殖。

1. 种子处理

苦豆子种皮坚硬，需在播种前进行破皮处理。通常采用 98%浓硫酸浸泡，用量为 50 mL/100g 种子，浸泡时 25 min，再小心捞出种子用清水冲洗 7～8 遍，冲洗干净种子表皮的硫酸，置于通风干燥处晾干备种。

2. 播种

（1）播种时间。苦豆子适宜在 25 ℃左右条件下萌发，土壤温度在 12～15 ℃时可进行播种，一般于 4 月中下旬至 5 月上旬进行。

（2）播种方式。苦豆子播种采用开沟条播或覆膜点播方式进行，行距 40～45 cm，株距 8～10 cm，播深 1.0～1.5 cm，亩播种量 1.5～2.0 kg。由于苦豆子千粒重较小，条播时可与小沙粒掺混一起撒播。

（四）田间管理

1. 灌溉

苦豆子播种最好趁雨后及时抢墒进行，由灌溉条件的地块可在播后及时灌溉 1 次，亩灌水量 100 m³ 左右，视土壤实际水分可适当增加或减少灌水量，出苗前保持土壤湿润。待苗齐后，适当蹲苗，间隔 20～25 d 再进行灌溉，之后每隔 25～30 d 视苦豆子生长情况灌溉 1 次，整个生育期灌溉 3～4 次，亩总灌水量约 200 m³，11 月上旬灌溉 1 次越冬水压盐，灌足灌透。

2. 中耕除草

苦豆子幼苗生长生缓慢，待苗齐后，在灌溉前进行 1 次中耕松土，清楚行间杂草，促进苦豆子健康生长。后期结合灌溉进行中耕除草。

3. 追肥

苦豆子属于豆科属多年生植物，自身可以固氮，生长后期可不追施氮肥，种植第 2 年适当追施磷钾肥，开花前随水亩追施磷肥 3 kg、钾肥 1 kg。

（五）病虫害防治

苦豆子病虫害较少，一般夏季 6—7 月份温度升高时防治蚜虫危害。蚜虫发生严重时，可采用 0.5%藜芦碱可溶性液剂 400～600 倍液、6%苦参碱水剂 1000～1500 倍液进行防治。

（六）采收

1. 全草采收

苦豆子以全草和籽粒入药，第 1 年实生苗只进行营养生长，第 2 年开始开花结果，全草采收通常在第 2 年的 8 月中下旬荚果即将成熟时进行。用机械收割或人工从植株根部 3～5 cm 处将地上部分全部割下，带回晾晒场摊开晾干脱粒，除去杂质后将籽粒之外的植株按茎、叶器官分解，单独粉碎装袋。

2. 种子采收

收获的种子的苦豆子田，可延迟至 9 月下旬至 10 月，待荚果变为褐色后进行采收。采收的种子要在晾晒场充分干燥，再风选除杂分级，装入尼龙袋或布袋中，置于阴凉通风干燥处贮存。

（七）加工分级

苦豆子种子处理干净后，用不同尺寸的筛子按照粒径大小将其分为 3 个等级：> 3.5 mm 的为一级种子，3.0～3.5 mm 之间的为二级种子，2.5～3.0 mm 之间的为三级种子，各等级种子分开装袋储藏。

三、应用价值

苦豆子全草均可入药，味苦，性寒，具有清热、燥湿、止痛、杀虫的功效，常用于治疗胃部疼痛、白带增加、湿疹疮疖、手足顽癣等。其植株和籽粒中均富含大量生物碱和黄酮类物质，是苦参碱和黄酮类物质提取的重要原料，临床上常用于免疫系统调节、中枢抑制、抗心律失常、保肝护肝、降血压等。

参考文献

[1]刘媖心.中国沙漠植物志[M].北京：科学出版社，1985.

[2]中国科学院中国植物志编辑委员会.中国植物志. [M].北京：科学出版社，1994.

[3]艾铁民.中国药典中药材及原植物志[M].北京：中国医药科技出版社，2022.

[4]国家药典委员会.中华人民共和国药典[M].北京：中国医药科技出版社，2020.

[5]卢琦.中国荒漠植物图鉴[M].北京：中国林业出版社，2019.

[6]高国雄，吴卿，杨春霞.荒漠化防治原理与技术[M].郑州：黄河水利出版社，2010.

[7]中国沙漠地区药用植物志[M].兰州：甘肃人民出版社，1973.

[8]王勋陵，王静. 植物形态结构与环境[M].兰州：兰州大学出版社，1989.

[9]崔徐甲.沙产业的理论内涵与实践模式研究[D].西安：陕西师范大学，2018.

[10]方宾伟.新疆沙产业经营模式研究[D].石河子：石河子大学，2018.

[11]黄振英，吴鸿，胡正海. 30 种新疆沙生植物的结构及其对沙漠环境的适应[J].植物生态学报,1997，21(6):521-530.

[12]王博.中国北方典型沙生植物叶片养分回收与功能特征的研究[D].兰州：兰州大学，2017.

[13]郭靖宇.三种沙生植物叶形态、结构差异及环境分异[D].呼和浩特：内蒙古农业大学，2018.

[14]李正理.旱生植物的形态和结构[J].生物学通报，1981，(04)：9-12.

[15]种培芳.荒漠植物红砂、白刺和沙拐枣抗旱指标及抗旱性综合评价研究[D].兰州：甘肃农业大学，2010.

[16]包庆德，富岳华.中外学界荒漠化概念与类型研究述评[J].内蒙古财经学院学报，2008，(05)：29-35.

[17]严子柱，李天永，姚泽.甘肃干旱荒漠区植物资源的开发利用[J].甘肃科技，2020,36(08)：33-40.

[18]石兆勇，王发园，魏艳丽. 荒漠植物的适应策略[J].安徽农业科学，2007，(17):5222-5224.

[19]陈德明，邹玉和，鄢武先，等.干旱胁迫对治沙植物形态结构和生理特征的影响[J].四川林业科技，2018，39(06)：81-85.

[20]王兴会，张靖才，顾淑琴.甘草仿野生栽培技术[J].农业科技与信息，2018(10):10-11.

[21]王照兰，杜建材，于林清.甘草的利用价值、研究现状及存在的问题[J].中国草地，2002(01):73-76.

[22]李晓微，郭文场，周淑荣.北方地区小茴香标准化栽培技术[J].特种经济动植物，2019(12)：25-26，34.

[23]《健康大讲堂》编委会.中草药图谱王[M].哈尔滨：黑龙江科学技术出版社，2013.

[24]陈朝，伍小燕.柴胡有效成分提取分离方法的研究进展[J].实用临床医药杂志，2011(19)：190-192.

[25]张睿，魏安智，撒文清.沙芥特性及绿色栽培加工技术[J].陕西林业科技，2003(02)：83-85.

[26]鲁延芳，占玉芳，滕玉风，等.河西走廊几种荒漠植物种子萌发特性研究[J].生态科学，2022,41(3): 222－228.

[27]秦嘉海.河西走廊干旱荒漠区植物资源的开发利用[J].干旱地区农业研究，2005,23(01):201-203.

[28]孔怡.药用观赏植物在园林绿化配置中的应用研究[D].天津：天津大学，2013.

[1] [29]王维明，马刚，李威龙.腾格里沙漠植物资源保护现状及对策[J].陕西林业科技，2021,49(02)：102-105+112.